學會美味的烹調公式，全部料理自動升級

沒有配方一樣
能煮得好吃
料理的科學文法

跟素養與直覺一點關係都沒有！站在科學的角度看烹調，任誰都是料理高手！

為什麼總是煮得不好吃？為什麼每次煮，味道都不一樣，對料理好沒自信啊…
你是不是也有過一樣的心情呢？
如果照著食譜書或料理APP的食譜做，卻還煮不出好味道的話，那錯絕不在你，這是因為食譜沒把真正必要的基本技巧與知識寫出來。
這些技巧與知識都是源自科學。
比方說，汆燙蔬菜的時候，要在冷水的時候就下鍋，還是等到水煮沸再放？每一個步驟背後都有科學根據，又例如高湯要放多少鹽才會覺得好喝？答案是1%，這答案是有生物學的根據的。

將這些與料理有關的科學證據或理由整理成一套系統，這套系統就稱為「烹調學」或「烹調科學」，也是一門學問。對營養管理師而言，這是必修科目，但不知道為什麼，這類資訊卻一直還未於一般民眾的日常生活中普及。

本書一邊依照烹調步驟解說家常菜，一邊以烹調科學徹底解說每個步驟裡的「為什麼？」，讓每位讀者同時學會烹調的技巧與理論。

了解文法，就能學好英文，看得懂樂譜就能練好鋼琴。料理也是一樣的，請各位讀者透過本書了解料理的文法與公式。只要了解這些，之後的烹調就等於是練習而已。
先了解理論後才動手做。
如此一來，你的廚藝也會突飛猛進。

［監修］**前田量子** 營養管理師

CONTENTS 目錄

成為烹飪高手的關鍵－選用順手的調理器具

許多人都會從設計或功能挑選調理器具，但是若從用途來思考的話，
就能快速分辨哪些器具是真的需要，而哪些是不需要的。

切割和磨泥

切割指的是去除食品多餘部分，讓形狀與大小一致的步驟，可讓食材的口感變好，也能讓食材增加表面積，以便更快煮熟與入味。磨泥則是破壞食材組織，將食材磨成泥的作業，可讓味道與成分更充分混勻。

【菜刀】

一般都會使用「三德菜刀」大小的菜刀，這類型的菜刀幾乎可於各種料理使用。不銹鋼或陶瓷材質的菜刀不會生鏽，也比較容易保養。

【砧板】

木頭或樹脂材質的砧板都不錯，但都很容易刮傷與藏汙納垢，所以硬度至少得要能應付菜刀。很容易滋生細菌，所以用完之後務必仔細清洗，也要徹底乾燥。

【磨泥器】

可將生薑或蒜頭磨成泥的廚具。陶瓷或金屬材質的種類皆是上選。

材料暫放區

供攪拌、過濾之後的材料暫放的調理用具。一般會挑選不銹鋼材質的種類，因為質量較輕，也較堅固耐用。

【調理盆】

若能備齊幾個大、中、小尺寸的調理盆，就能應付各種烹調步驟。不銹鋼材質的調理盆雖然輕，卻不能放進微波爐。玻璃材質的調理盆雖然能放進微波爐中加熱，但缺點是很重。

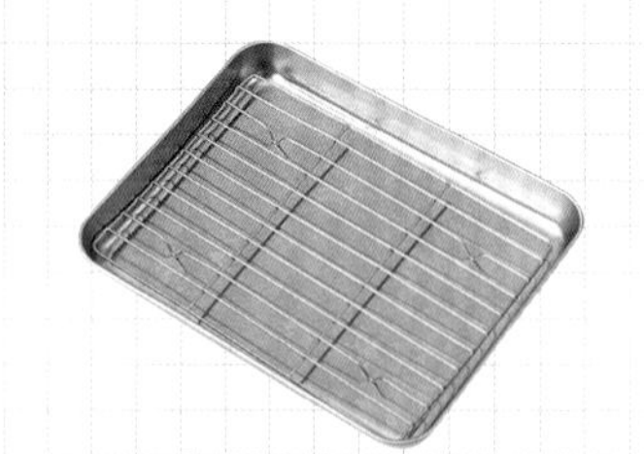

【淺方盤（附網架）】

主要是暫時存放食材、半成品或成品的器具，若選擇附有網架的種類，還能將炸好的食材放在上面瀝油。

【濾網】

可替洗好或汆燙好的食材濾掉水分或是過濾高湯（讓固體材料與液體分離）。若能準備大、中、小三種尺寸，就能滿足各種烹調的需求。

測量

要更合理、更有效率地烹調，就必須重視測量。雖然可另外購買廚房計時器這類計時工具，但是一般鬧鐘或手機的鬧鐘功能就很實用了。

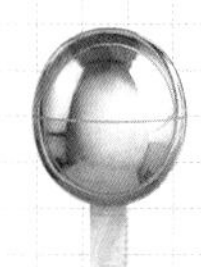

【量匙】

用來秤量食材的器具。主要用來秤量少量的液體與粉末。大匙為15mℓ、小匙為5mℓ。另外還有½大匙與½小匙，也都非常方便好用。

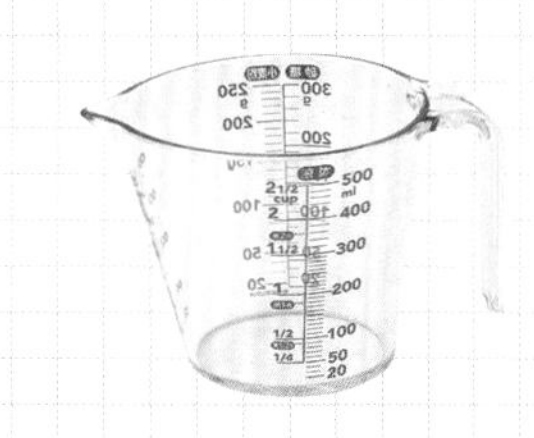

【量杯】

用來秤量食材的器具。主要用來秤量液體。若附有刻度，就更方便了解液體的份量。

加熱

需要加熱的料理有很多種，可視料理種類挑選大小適中的器具。

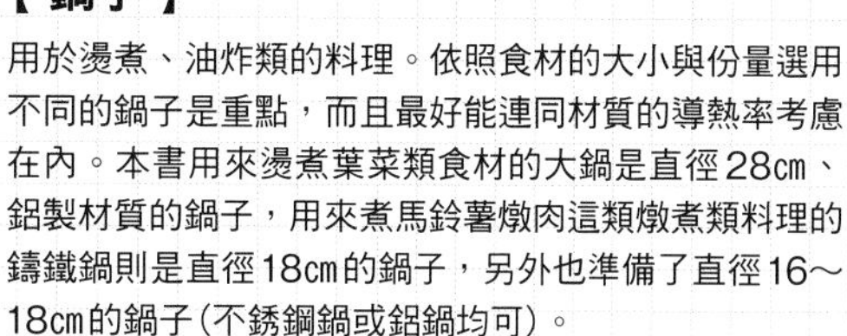

【平底鍋】

可以的話，準備直徑20cm的小鍋與直徑24～26cm的大鍋，才能應付不同大小與份量的食材。平底鍋通常用來煎炒食材，若是深一點的，還能燙煮食材。建議選擇鍋蓋能蓋緊鍋子的種類。

【鍋子】

用於燙煮、油炸類的料理。依照食材的大小與份量選用不同的鍋子是重點，而且最好能連同材質的導熱率考慮在內。本書用來燙煮葉菜類食材的大鍋是直徑28cm、鋁製材質的鍋子，用來煮馬鈴薯燉肉這類燉煮類料理的鑄鐵鍋則是直徑18cm的鍋子，另外也準備了直徑16～18cm的鍋子（不銹鋼鍋或鋁鍋均可）。

攪拌和取出

於烹調過程中用來攪拌、翻面、取出、撈出食材的器具。除了下列介紹的器具外，最好準備一支餐夾，才能夾起肉塊這種又厚又重的食材。若要攪拌或壓碎鍋中的材料，可使用木製料理匙或是矽膠料理匙。

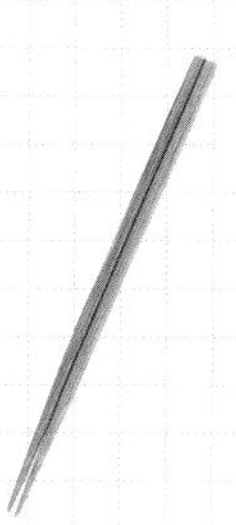

【長筷】

有些筷子頭是圓的，不太容易夾起食材，請使用木製且尖頭設計的筷子。

【鍋鏟】

有的也稱為煎鏟，用於將食材翻面。

【湯杓】

用於撈取湯品或燉煮類食材的器具。

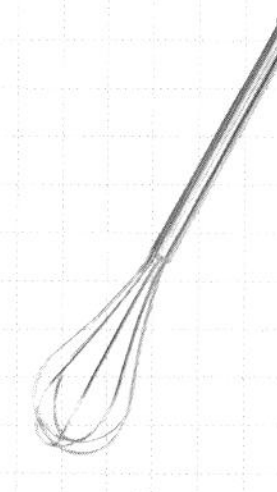

【打蛋器】

可用來將食材攪拌均勻。若不需要打出泡泡，可改用小於甜點專用打蛋器的小型打蛋器。

建議選購

【料理秤】

秤量食材重量的器具。電子料理秤比較精準。可在超市的廚具專區或網路買到平價的款式。

建議選購

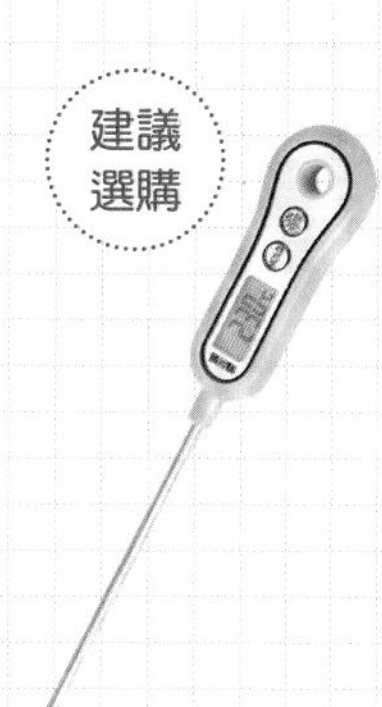

【料理用溫度計】

烹調很重視溫度，尤其油炸料理很難用肉眼判斷溫度，一定要正確測量油溫再開始烹調。電子料理溫度計的測量範圍較廣，約介於－50℃到250℃之間，也比較方便使用。可在超市的廚具專區或網路買到平價的款式。

成為烹飪高手的關鍵－準備常用的調味料

依序介紹本書使用的調味料。
請在烹調之前，先確認是否備有這些調味料。

CHECK LIST

調味料名稱	目的	打勾
鹽	鹹味	
胡椒	香氣、辣味	
醬油	鹹味、醇味	
酒	風味	
味醂	甜味	
味噌	鹹味、香氣	
沙拉油	油脂	
砂糖	甜味	
醋	酸味	
高湯（可使用高湯罐頭或高湯粉）	醇味	
太白粉	勾芡	
麵粉（低筋麵粉）	勾芡、麵衣	
芝麻油	油脂、香氣	
橄欖油	油脂、香氣	
美乃滋	酸味	

【鹽】
鹽可大致分成岩鹽與海鹽兩種類型，可視個人喜好選擇。

【胡椒】
共有白胡椒、黑胡椒、粗研磨黑胡椒。可視個人喜好或烹調需求購買。

【味醂】
分成本味醂與味醂風味調味料這兩種，本書使用的是本味醂。

【酒】
本書使用的是清酒。大部分的料理酒都加鹽，使用時必須注意鹹度。

【油】

油的成分會因原料的種類而不同，香氣與營養價值也不相同。沙拉油的價格便宜近人，也沒有特殊的味道。照片是橄欖油，顏色偏綠，香氣與淡淡的苦味是其特徵，很適合用來烹調西式料理。

【醬油】

本書使用的是濃口醬油(一般的醬油)。若使用薄口醬油(顏色清淡但鹹度較高)、溜醬油(顏色深濃但鹹度較低)或減鹽醬油，請務必調整用量。

調味料名稱	目的	打勾
辣豆瓣醬	辣味	
蕃茄醬	甜味、酸味	
中濃醬	甜味、酸味	
中式高湯粉	醇味、鹹味	
西式高湯粉	醇味、鹹味	
蠔油	醇味、甜味、鹹味	
甜麵醬	甜味	
白酒	風味	
蜂蜜	甜味	
顆粒黃芥末醬	酸味、辣味	
芝麻醬	增添芝麻味	
辣油	油脂、辣味	
乾辣椒	辣味	
市售的燉牛肉調味塊	勾芡、增加多蜜醬的風味	
市售的蕃茄紅醬	蕃茄味	

【味噌】

味噌分成米味噌、麥味噌、豆味噌，不同的材料和生產地會產生不同的風味，可視個人喜好挑選，也可直接使用手邊現有的種類。

【醋】

本書使用的是米醋或是穀物醋。另外，蘋果醋的酸味較為溫潤，紅酒醋的酸味較為鮮明，使用時需調整用量。

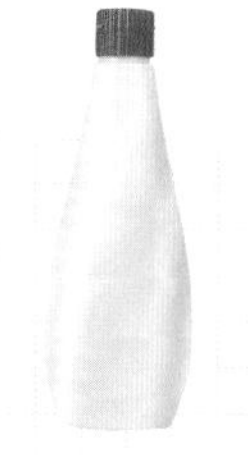

【美乃滋】

使用一般常見的種類即可。

【麵粉】

雖然麵粉依照蛋白質含量分成了低筋麵粉、中筋麵粉、高筋麵粉，但用於料理的通常是蛋白質含量較低的低筋麵粉。

徹底了解藏在料理祕訣與食譜背後的為什麼？

詳細解說烹飪科學的料理課

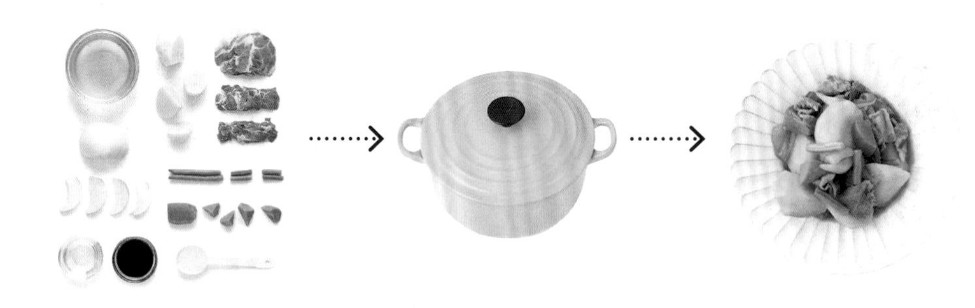

總算要開始動手做了！這次挑選了常見的家常菜，同時依照油煎、燉煮、水煮以及其他烹調方式分類。
接下來的內容與傳統的食譜書不太一樣。每種料理都以讓美味更加升級為目標，所以會以科學佐證，告訴大家怎麼煮才好吃。而且還會以照片依序說明烹調流程，讓大家一邊烹調，一邊了解其中的理論。

case study #001 **薑汁燒肉** ⇒ 將薄肉片煎得美味

case study #002 **照燒雞肉** ⇒ 將厚肉片（雞肉）煎得飽含肉汁

case study #003 **燉煮漢堡排** ⇒ 初學者也能煎出膨脹的漢堡排

case study #004 **麥年鮭魚** ⇒ 將魚煎得溼潤不乾柴

1 油煎

case study #001

薑汁燒肉

這次的任務是將肉片煎得美味。越是常出現於餐桌的料理，越是需要學會煎得鬆軟的祕訣。

可搭配一些蔬菜做為配菜。本書中使用的是高麗菜絲與小蕃茄，可替換成撕成小片的萵苣、沙拉菜、貝比生菜(蔬菜嫩葉baby leaf)或是切成方便入口大小的蕃茄塊、小黃瓜，都很對味。

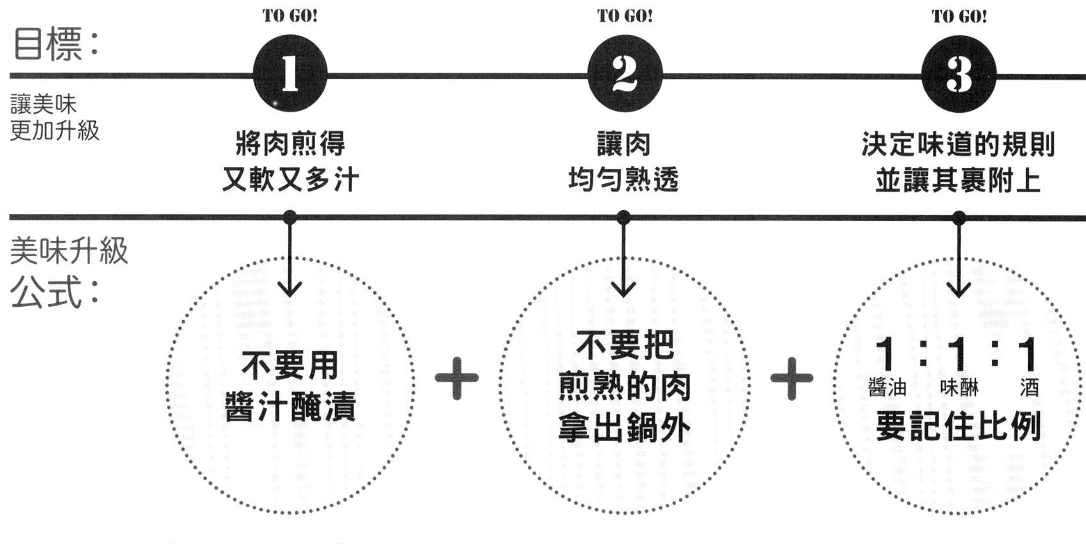

薑汁燒肉一般都會**先用醬汁醃漬，但醬汁裡的鹽分會產生浸透壓，造成肉片流失水分且變得乾柴**。若想讓豬肉保有肉汁，**就不能讓豬肉泡在醬汁裡，光是煎熟後裹上調味料，味道就已經足夠**，而且也不會因醬汁造成焦黑，所以能放心加熱。

即使用了大型平底鍋，最多也只能鋪3片肉片。把煎好的肉片拿出鍋外，肉片就會變冷變硬，所以**可將煎好的肉片疊在後面放入鍋子裡的肉片上。讓肉片在低溫(80～85℃)的燜煎環境下保溫**，避免煎得不均勻，肉片也不會因降溫而變硬。

調味料的比例為醬油：味醂：酒＝1：1：1。若肉片為250g，調味料的份量即為各1大匙，**利用濃度1%的鹽分來制定味道的準則。在烹調過程中加入調味料，會因為鍋子熱度而蒸發，味道也會因此不均勻，甚至有可能燒焦**，所以調味料最好關火後再加，等拌勻後開火，讓醬汁裹附上去。

材料：
2人份

豬肩里肌肉片	250g

薑汁燒肉的經典版本是使用豬里肌，但這裡使用豬肩里肌肉。瘦肉的油脂會呈網狀分布，味道也會比一般的里肌更為醇厚。薑汁燒肉專用的肉片都會切得比較厚，所以會比薄肉片更多汁，也較不容易變硬。

A		
	醬油	1大匙
	味醂	1大匙
	酒	1大匙

拌勻

薑汁	2小塊份

將20g的生薑連皮磨成泥，再擠出汁備用。

為了保持豬肉表面乾淨無雜末，這裡使用生薑擠出來的汁。如果時間不充裕或不在意美觀的話，可改成10g的薑泥。

沙拉油	2小匙

作法：

1 將油燒熱。在平底鍋一側放入1片攤平的肉片

中大火　預熱1分鐘

預留近身側的空間，
從另一側開始煎
會比較順手

鍋中放油加熱，原本集中於一處的油會往外流散開，就代表預熱完畢，這時才能放入食材。記得一定要把肉片攤平放入，**且要放在一側，而不是在正中央。**

2 等肉片變色後翻面，同時再將下一片肉片攤平放入

中大火　單面約20～30秒

這是一開始煎的肉片。
翻面煎熟中

近身側是剛剛
放入的肉片

放肉的時間點也很重要！**請在原本的肉片翻面後，立刻放入新的肉片。**這樣才能讓每片肉片都以同樣的時間煎熟。兩面都要煎20～30秒。

營養均衡的副菜：**涼拌洋蔥絲**（2人份）

洋蔥的香氣成分能促進人體吸收豬肉富含的維生素B_1

1. 以逆紋的方向(菜刀與纖維互為直角)將1顆中型洋蔥切成薄絲，泡在水中備用。
2. 瀝乾水分後盛碗，撒上1小包柴魚片，淋上1小匙的市售酸橘醋醬油。(松本)

3 後面才放的肉片翻面後，將煎熟的肉疊在一起，空出來的位置再放入新的肉片

中大火　單面約20～30秒

將近身側肉片翻面，再將另一側煎熟的肉片疊在上面

↓

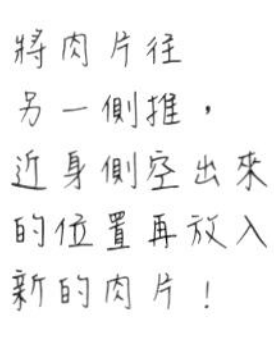

在後面放入的肉片翻面後，將煎好的肉片疊起來。只要這麼做，就算使用的是小尺寸的平底鍋，也能一次煎好很多片，而且不用先拿出肉片。把肉片疊在一起可產生燜煎的效果，肉片會熟透，卻不會變硬。

4 關火、倒入調味料A和薑汁。均勻混合後，再加熱至收乾湯汁為止

關火⇒中大火　大略混拌⇒1分鐘

↓

調味料一定要在關火之後才加。這麼做能夠避免調味料蒸發，也有均勻入味與避免調味料燒焦的作用。等到調味料和食材確實拌勻後，重新開火加熱，讓湯汁收乾到適當的濃度即可。

營養均衡的副菜：**三色蔬菜湯**（2人份）

黃綠色蔬菜富含肌膚美白所需的維生素C與β-胡蘿蔔素

1. 將$\frac{1}{2}$株小松菜切成長3cm段，再將各$\frac{1}{8}$顆的紅、黃甜椒分別切成細長條。
2. 將$\frac{1}{2}$小匙西式高湯粉和1杯水倒入鍋中加熱。煮滾後放入作法**1**食材。
3. 等食材煮熟後，加入少許的鹽、胡椒調味。（牧野）

case study #002

照燒雞肉

這裡要介紹怎麼把一塊厚厚的雞肉煎得美味的祕訣。對料理初學者來說，照燒的味道比較容易掌握，也比較能夠成功的煎出鮮嫩多汁的口感。

擺盤 memo

和配菜一起裝盤。這裡選用的配菜有切成一口大小的青椒、半月形的蓮藕片，都是先用沙拉油炒過，再加入少許鹽與胡椒調味。其他還可搭配蘆筍、甜椒或豆芽菜。

目標：

讓美味更加升級

TO GO! **1** 煎得內外熟透

TO GO! **2** 均勻煎透、保留肉汁

TO GO! **3** 徹底掌握味道

美味升級公式：

雞肉的厚度盡可能平均 ＋ **燜煎 5分鐘＋2分鐘＋2分鐘** ＋ **1：1：1（醬油 味醂 酒）是基本比例**

雞腿肉的厚度不平均，若是直接下鍋煎，有些地方會煎不透。**較厚的部分不妨以蝴蝶刀片開（用菜刀斜切至一半，再將肉片左右翻開的刀法）**，將雞腿肉切成均勻的厚度，就能解決問題。

雞肉要煎熟需要花不少時間，而**燜煎可避免水分在這段時間之內蒸發，讓雞肉保持鮮嫩多汁的狀態**。基本上是先以雞皮朝下的方向加蓋燜煎5分鐘，接著翻面煎2分鐘，加入調味料再煎2分鐘。掀開鍋蓋時，若醬汁已煮乾，雞肉表面就會閃耀著迷人的光澤。

照燒的調味料是以醬油：味醂：酒＝1：1：1的比例調成。**以一塊雞腿肉（250g），大概需要各1大匙的醬油、味醂與酒**，然後加水補足水分。1大匙醬油約有2.5g的鹽，調勻後的醬汁鹽分約1%。如果使用的是比較大塊的雞肉，則可稍微增加調味料的份量。

材料：

1～2人份

去骨雞腿肉（250g）	1塊

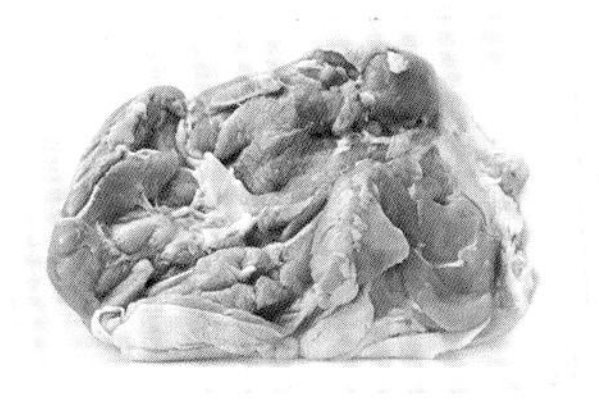

A		
	醬油	1大匙
	味醂	1大匙
	酒	1大匙
	水	1大匙

拌勻

最後收乾的過程中水分會蒸發，所以要先加水來補足。

將雞肉切成均勻的厚度

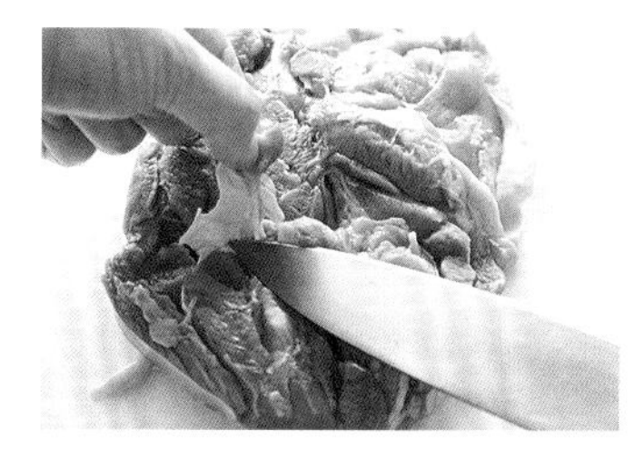

白色部分是油脂與筋，記得要先切掉，雞肉才不會在煎的時候縮水和變硬。

將菜刀平放，往較厚的部分切進去（不要切斷），再從刀口翻開雞肉。

作法：

1 以雞皮朝下的方向放入未加熱的平底鍋，蓋上鍋蓋燜煎5分鐘

中火 5分鐘

以雞皮朝下的方向放入鍋子後，立刻蓋上鍋蓋即可

↓

這是煎了5分鐘，打開鍋蓋的狀況

若是先熱鍋，雞皮一遇熱就會縮起來，也就不太容易均勻煎熟。**從冷鍋開始煎，比較容易在雞皮服貼的狀態下，慢慢將雞皮煎成均勻漂亮的金黃色**。雞肉本身就會出油，所以不用另外倒油。

2 翻面後，蓋上鍋蓋燜煎2分鐘

中火 2分鐘

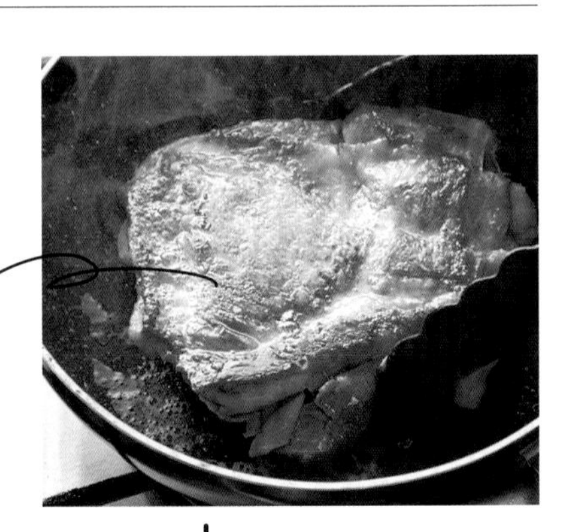

這是翻面後的狀態。雞皮已經煎成漂亮的金黃色！

↓

蓋上鍋蓋，以食材本身的水分燜煎可讓雞肉保持鮮嫩多汁。要將一塊雞肉煎到內外熟透，需要耗費不少時間，如果此時不蓋上鍋蓋，就很可能讓肉質變得過硬。

營養均衡的副菜：**魩仔魚炒青椒**（2人份）

在各種蔬菜中，青椒的維生素C含量名列前茅！

1. 將2顆青椒剖成兩半，刮除內膜與種籽，再直切成細條。
2. 將1大匙魩仔魚放在濾網裡，均勻澆淋熱水後仔細瀝乾水分。
3. 將½小匙芝麻油倒入平底鍋燒熱，放入青椒絲，用大火炒熟，加入魩仔魚，淋入1小匙酒、½小匙醬油，再快速炒勻。（松本）

3 暫時關火，擦乾油脂，加入調味料

關火

↓

加入調味料的時候一定要先關火。若在熱鍋的狀態倒入調味料，調味料的水分會快速蒸發，也就沒辦法均勻沾裹在食材上，甚至會因此燒焦。

4 重新開火，蓋上鍋蓋燜煎2分鐘。掀開鍋蓋，煮到醬汁變得濃稠為止

中火 2分鐘+30秒

↓

醬汁的濃稠度可依各人喜好，基本上是以中火加熱30秒的程度。**煮到醬汁整體冒泡泡，動一動雞肉，醬汁就能裹上去的程度即可**。

營養均衡的副菜：**醋拌海蘊**（2人份）

水溶性膳食纖維可整頓腸道環境

1. 將100g海蘊(生)洗乾淨後瀝乾，再切成方便入口的大小。
2. 將2大匙醋、2小匙高湯、1小匙醬油倒入作法**1**中拌勻。
3. 盛盤後，放上少許薑絲即可。(堤)

case study #003

燉煮漢堡排

這裡介紹的是在家也能輕鬆煮出餐廳燉煮漢堡排的方法。
請享受刀子切下去，肉汁就溢出來的美味。

搭配一些蔬菜做為配菜。這次使用的是嫩葉萵苣、小蕃茄、馬鈴薯沙拉(參照P.78)。搭配沙拉菜或貝比生菜(蔬菜嫩葉baby leaf)也很對味。

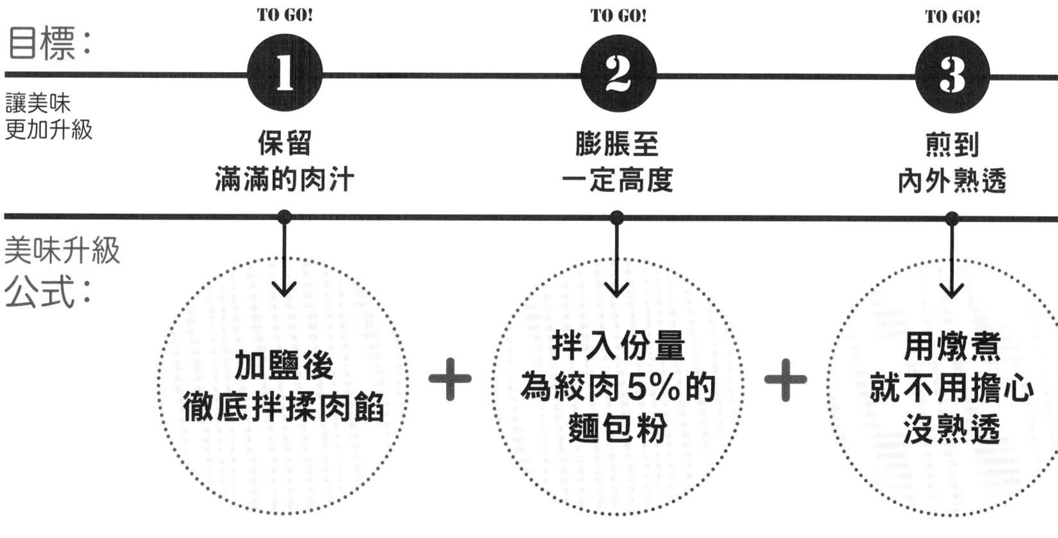

原本鬆散的絞肉，只要加點鹽再徹底拌揉，蛋白質的肌動蛋白與肌凝蛋白就會產生變化，絞肉也會變得更黏、更保水。**原本鹽的比例為1%**最有效果，但考慮到醬汁也有鹽分，所以這裡只加0.6%的鹽就好。在調理盆裡**拌揉到表面覆蓋一層油脂的白膜**是製作肉餡的祕訣。

漢堡排的材料若只有絞肉的話，一煎就會縮小，所以要加點副食材，例如洋蔥、雞蛋、麵包粉等，以增加份量及保水性，尤其**麵包粉會吸收肉餡的水分，讓漢堡排遇熱後，膨脹至一定的高度。麵包粉的份量約為絞肉的5%**。

漢堡排**最常見的失敗情況就是裡面沒煮熟或是有的地方煮熟，有的地方卻燒焦**，另一項不遑多讓的失敗就是**太過乾柴、口感太硬**。「燉煮」能輕鬆解決上述的問題，**完全不用擔心漢堡排的熟度**，所以建議料理初學者，可以先嘗試做這道燉煮漢堡排。

材料：
2人份

牛豬混合絞肉	250g

絞肉在加熱的時候會分泌出油脂，因此很容易變硬，所以建議選擇肥一點的絞肉。只用豬絞肉製作也很好吃。

鹽	1.5g ⇒肉的0.6%
胡椒	少許
洋蔥（切丁）	75g ⇒肉的30%
麵包粉	13g ⇒肉的5%
蛋液	25g（½顆蛋）⇒肉的10%
醬汁	
蕃茄醬	40g
中濃醬	20g
白酒	1大匙
市售燉牛肉調味塊	½塊

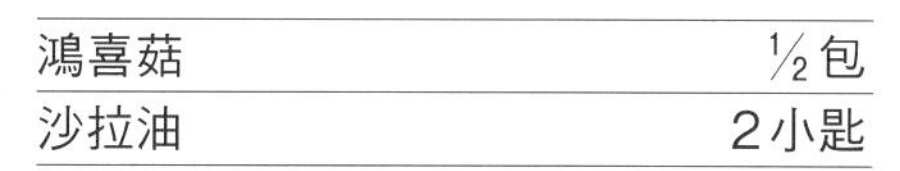

鴻喜菇	½包
沙拉油	2小匙

洋蔥切丁

鴻喜菇切除根部後剝成小朵

切丁的洋蔥可先放入耐熱容器，鬆鬆地蓋上保鮮膜，放入微波爐加熱3分鐘。放涼後，再和麵包粉、蛋液混拌均勻。

作法：

1 絞肉加鹽後，均勻拌揉。和洋蔥、麵包粉、蛋液拌勻後，捏成扁圓狀

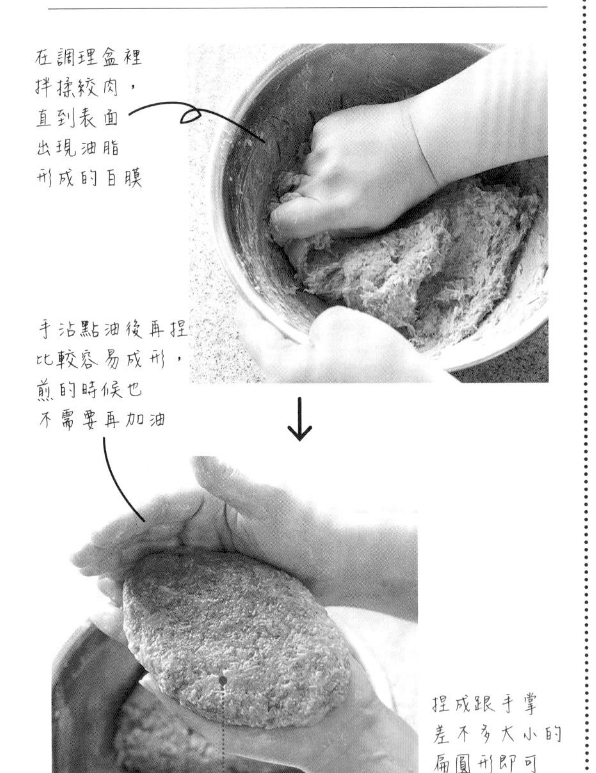

祕訣就是加鹽後，像**揉麵糰般用力拌揉絞肉**。揉到有一定的黏度後，拌入事先調勻的洋蔥、麵包粉與蛋液。**因煎的時候會縮小，所以要調整成稍微大一點的扁圓形**，才能完成大小適中的理想成品。

2 將漢堡排放入平底鍋中，用大火煎至兩面均勻上色

大火 單面2分30秒⇒翻面1分30秒

為了避免肉汁在燉煮的時候流失，**記得要將表面煎成有點焦的顏色**。由於接下來會燉煮，所以這時候**不用煎到裡面變熟**。如果分泌大量油脂，可先用廚房紙巾吸乾。

營養均衡的副菜：**蒜油綠花椰菜**（2人份）

綠花椰菜是維生素、礦物質、膳食纖維都豐富的優秀蔬菜。

1. 將½棵的綠花椰菜切成小朵，放到加了少許鹽的熱水中煮熟，再撈出瀝乾水分。
2. 將2大匙橄欖油、1瓣量的蒜末、3片油漬鯷魚（切末）放入平底鍋，用小火炒香。
3. 將作法**1**盛盤，再淋上作法**2**。（岸村）

3 注入能蓋過漢堡排的水。煮開後，撈除浮沫，加入蕃茄醬、中濃醬與白酒燉煮

大火⇒中火　加入調味料，煮10分鐘

↓

倒入能蓋過漢堡排的水量，用**大火煮至滾沸**。撈除浮沫，加入調味料後，**轉成中火續煮 10 分鐘。煮過頭，美味的肉汁會流失**，所以煮 10 分鐘就可以從鍋中取出漢堡排。

4 關火後加燉牛肉調味塊。靜置3分鐘後攪拌。放入鴻喜菇。煮滾後，放回漢堡排再煮3分鐘

關火⇒中火　靜置3分鐘⇒滾後再煮3分鐘

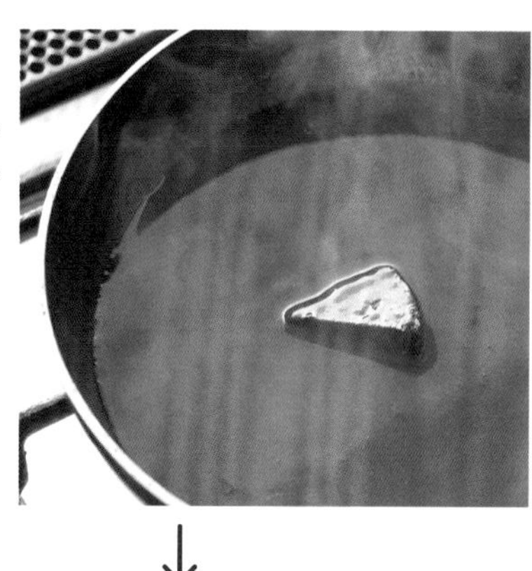

↓

調味塊的主成分含有麵粉，加熱後，麵粉的糊化作用會讓液體變得濃稠。關火後放入調味塊，再靜置 3 分鐘，可讓調味塊完全化開。利用打蛋器徹底攪拌後，開火，**加熱至麵粉糊化所需的 90℃，醬汁就會變得濃稠**。

營養均衡的副菜：**鮪魚奶油蕃茄盅**（2人份）

當作燉煮漢堡排前菜使用，打造成餐廳級的套餐

1. 將小型蕃茄 2 顆的蒂頭切掉一點，挖空內部，再將挖出來的部分切成粗末。
2. 將½罐(40 g)水煮鮪魚(罐頭)、25 g 奶油乳酪、1 大匙檸檬汁、1 大匙義大利香芹末、1 大匙酸豆末、少許鹽一起拌勻，再加入作法 **1** 挖出來的蕃茄拌勻。
3. 將作法 **2** 填入作法 **1** 的蕃茄容器中，再用少許義大利香芹裝飾。(岸村)

case study #004

麥年鮭魚

這道料理的烹調過程看起來簡單，但要煮得好吃可是比想像中還難。請多多練習鮭魚的事前處理與煎魚的方法。

擺盤 memo

可以搭一些配菜。這裡搭配的是油炒杏鮑菇及檸檬角。將平底鍋裡剩下的奶油加點檸檬汁做成醬汁，也是很棒的調味。

材料：2人份

鮭魚切片	2片(200g)

鮭魚的魚皮是腥味的來源，事先去除才能煎出更好的味道。

鹽	$\frac{3}{5}$小匙(3g)
低筋麵粉	適量
沙拉油	1大匙
奶油	10g
鹽	少許
胡椒	少許

作法：

1 撒鹽後，靜置10分鐘，再擦乾表面水分

之後會去除表面多餘的鹽，因此這時可多撒一點，幫助入味

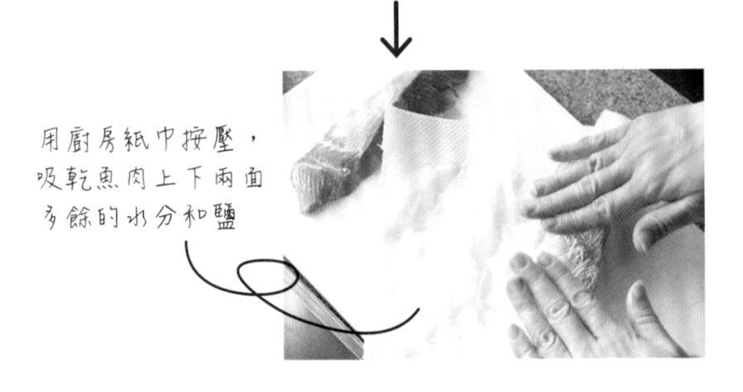

用廚房紙巾按壓，吸乾魚肉上下兩面多餘的水分和鹽

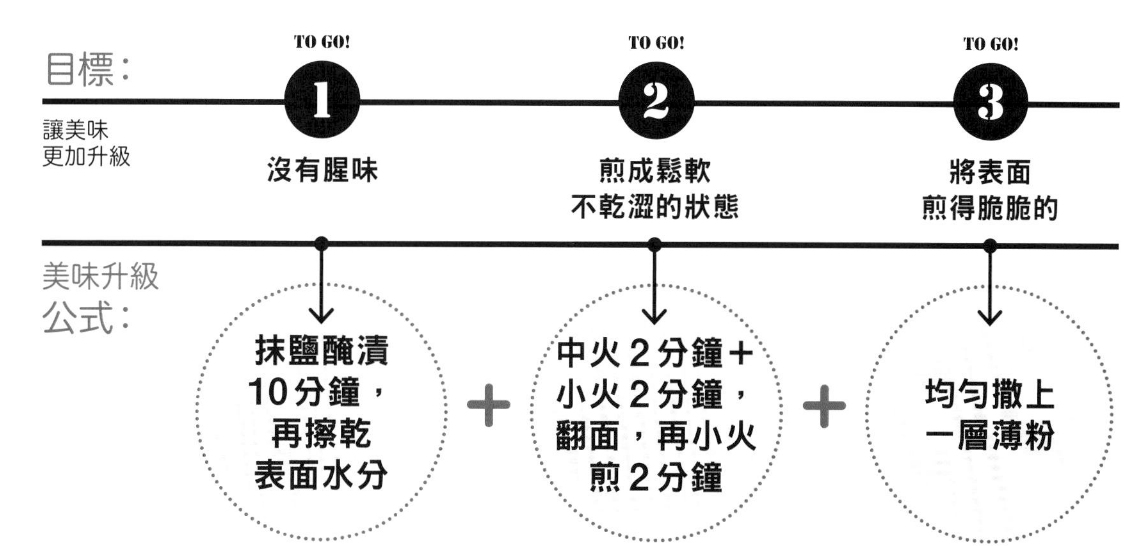

抹鹽醃漬**不僅可讓魚肉帶有鹹味，還能去除腥味。魚腥味會溶於水**，所以抹上鹽，讓鮭魚脫水後，腥味也會被水分帶走。靜置10分鐘，用廚房紙巾擦乾表面的水分與鹽，是這個步驟非常重要的部分。

生魚雖然Q彈，**但是經過50℃加熱後肉質會變得很軟，不過一旦溫度越來越高，最後又會變硬**，所以絕不能讓魚肉在高溫之下長時間加熱。一開始先用中火煎出顏色，之後再用小火兩面煎熟，就能煎出內外熟透、肉質鬆軟的鮭魚。

撒麵粉的時候，別一次撒太多，不然麵粉會堆在同一個地方，魚肉的表面也會變得糊糊黏黏的，煎的時候也很容易黏鍋，很難煎得漂亮。這個步驟的重點在於**煎魚之前才撒上麵粉，而且要撒得又薄又均勻**，才能煎得又脆又香。

2 均勻撒上低筋麵粉，再輕輕拍掉多餘的麵粉

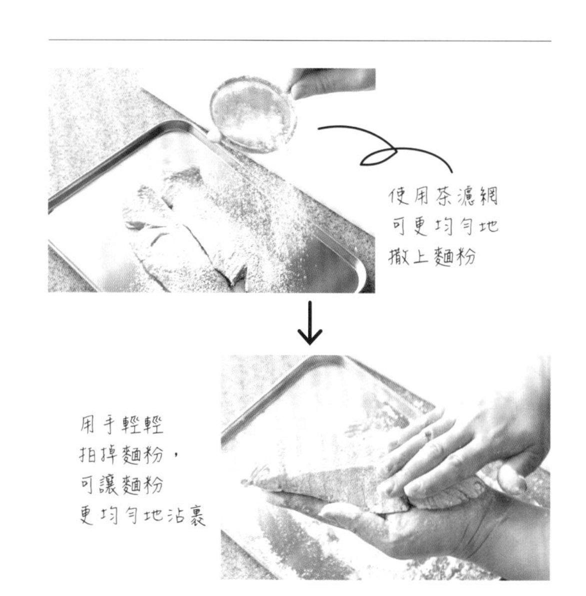

3 倒油後熱鍋，再放入鮭魚，煎至兩面熟透。擦掉鍋中油脂，再放入奶油，讓魚均勻沾裹

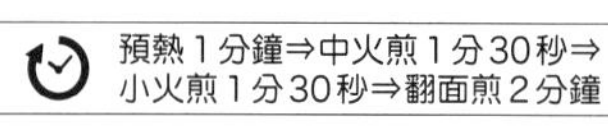

酪梨起司燒（2人份）

是維生素E豐富，
讓血管長保年輕的料理

1. 在酪梨表面劃出一道直的刀口，再用力一轉，拿掉裡面的種籽。
2. 將80 g 莫札瑞拉起司切成1cm 丁狀，再將¼顆洋蔥切成末。
3. 用湯匙挖出作法**1**的果肉，與作法**2**的食材拌勻，再加入少許鹽、胡椒和1小匙醬油調味。
4. 將作法**3**填入作法**1**的酪梨外皮中，再放入烤箱烘烤4～5分鐘。（堤）

鹿尾菜蕃茄沙拉（2人份）

鹿尾菜有豐富的膳食纖維，
能有效預防便祕

1. 將各½小匙的醬油、高湯、橄欖油調勻備用。用水泡發1大匙的鹿尾菜（乾），放入熱水中快速汆燙，再和切成塊的½顆蕃茄以及剛剛調勻的醬汁一起拌勻。
2. 將1片萵苣撕成方便入口的大小，平鋪在盤子上，再放上作法**1**的食材。（牧野）

奶油義大利麵（1人份）

一個鍋子就能煮好的義大利麵。
有豐富的鈣質

1. 將2片培根切成2cm 片狀，30 g 的洋蔥切成薄片，再將80 g 高麗菜切成大片狀。
2. 平底鍋中放入比1小匙稍多的沙拉油，熱鍋後，放入作法**1**的食材拌炒。炒軟後關火，撒上1大匙麵粉仔細拌勻，再開火拌炒30秒。
3. 關火，倒入180mℓ 牛奶拌勻，再倒入300mℓ 的水，開火繼續加熱。
4. 煮沸後，將折半的80 g 義大利麵放入鍋中，依包裝上面的指示時間煮熟，過程中需要偶爾攪拌一下。最後加入1小匙的西式高湯粉、⅖小匙的鹽（2 g）、少許胡椒調味。（前田）

case study #005 **馬鈴薯燉肉** ⇒ 掌握和食的經典調味

case study #006 **燉鹿尾菜** ⇒ 甜鹹滋味稍濃的燉菜

case study #007 **燙青菜** ⇒ 學會味道清淡的日式燉菜

case study #008 **味噌鯖魚** ⇒ 利用這道料理徹底學會煮魚的基本技巧

case study #009 **茄醬燉翅腿** ⇒ 學習將堅韌的肉煮軟的方法

case study #010 **味噌湯** ⇒ 學習味噌用法和熬高湯的方法

2

燉煮

case study #005

馬鈴薯燉肉

這是日式燉菜的經典代表，有各式各樣的烹調手法。
這裡介紹的是標準的調味方式以及絕對不會失敗的烹調方法。

目標：

讓美味
更加升級

TO GO! **1** 精準調味

TO GO! **2** 食材不會煮散

TO GO! **3** 燉到入味

美味升級
公式：

燉菜的調味為
8：1：1
高湯　醬油　味醂

＋

燉煮前
先用油炒過

＋

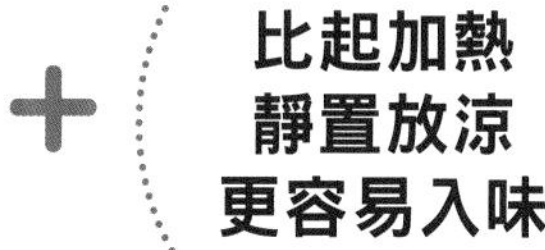

比起加熱
靜置放涼
更容易入味

這道料理的調味料比例是高湯：醬油：味醂＝8：1：1，這個比例稱為八方高湯，也是**日式燉菜的常用配方**。不僅能用來燉煮馬鈴薯，與芋頭、白蘿蔔、南瓜也很對味。雖然味醂可用砂糖代替，但**味醂所含的糖與酒精可避免食材煮散**，所以煮這道馬鈴薯燉肉時，建議使用味醂。

馬鈴薯所含的果膠可組成細胞壁，還能讓細胞黏在一起，但是**溫度一旦超過80℃，果膠就會分解與流失，所以可在燉煮之前先用油炒過馬鈴薯，讓表面包覆上一層油脂**，就能避免果膠流失。

加熱時，食材的水分會不斷往外散出並蒸發，所以反而不容易入味。反觀放涼時，食材內部的壓力下降，**食材會吸收湯汁，取代剛剛流失的水分，也會變得更入味**。入味程度與食材的體積、時間、溫度有關，**基本上靜置放涼的時間約為燉煮時間的一半以上**。

材料：
2人份

豬肩里肌肉片	100g

豬肉切成3cm寬片狀

馬鈴薯（五月皇后）	300g（小型3顆）
洋蔥	150g（大型½顆）
紅蘿蔔	50g（小型½條）
四季豆	4根

澱粉較少、較不容易煮爛的馬鈴薯比較適合燉煮，最具代表性的品種就是「五月皇后」。「印加的覺醒」也是不錯的選擇。

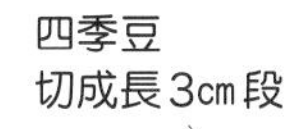

四季豆
切成長3cm段

馬鈴薯切成滾刀塊
（1顆切成4塊）

洋蔥切成
1cm寬條狀

紅蘿蔔切成小的
滾刀塊

沙拉油	1大匙
高湯	240mℓ
醬油	2大匙
味醂	2大匙

作法：

1 鍋子倒油並燒熱，放入馬鈴薯、洋蔥、紅蘿蔔拌炒

中小火　預熱1分鐘⇒拌炒3分鐘

這個步驟的目的是**讓蔬菜表面沾裹油脂**，所以油要稍微多一點。炒到食材表面均勻吃油，周邊有點透明即可。用油炒過可讓味道變得更醇厚有層次。

2 倒入高湯、醬油、味醂燉煮。煮滾後，放入撥散的肉片

中大火　煮滾為止

↓

將肉片一片片攤開在蔬菜上面

馬鈴薯燉肉的肉片**若在一開始就放入鍋子中，就會因煮太久而變老**，必須在湯汁煮滾後再放入，肉質才會軟嫩。

營養均衡的主菜：**什錦蔬菜烤鮭魚**（2人份）

能保存的鹽漬鮭魚是能輕鬆攝取動物性蛋白質的食材

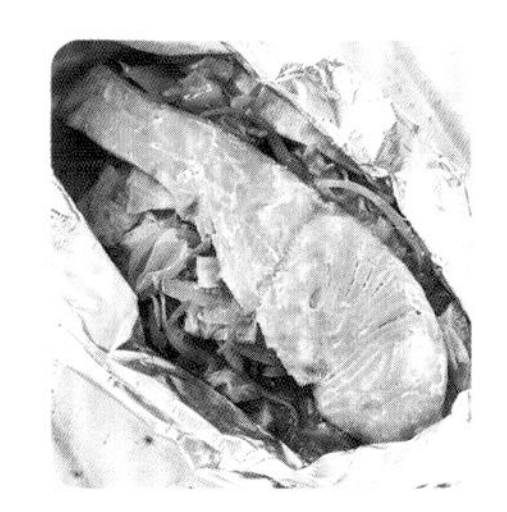

1. 擦乾2片鹽漬鮭魚(300g)表面的水分。將50g洋蔥、30g紅蘿蔔、100g高麗菜分別切絲。將各1大匙的味噌和味醂與各2小匙的砂糖和酒攪拌均勻。
2. 將2張料理紙分別疊在2張鋁箔紙上，等量放入作法**1**蔬菜絲，分別放上1塊鮭魚和10g奶油。淋上各半量作法**1**醬汁，包好後用小烤箱烘烤15分鐘。(前田)

3 撈除浮沫，蓋上落蓋及鍋蓋，用中小火煮15分鐘

中大火⇒中小火（煮到會冒泡泡的程度） 煮滾後，繼續煮15分鐘

↓

將料理紙裁切成鍋子的大小後，剪幾個洞，揉成圓球，泡水後攤開，再鋪在食材上面，就能緊密地貼在食材表面

日式料理手法之一的**落蓋可讓湯汁在撞到落蓋時回流**，所以就算湯汁很少，也能均勻地煮熟食材，同時可避免**食材在鍋中大幅滾動**，而導致外觀碎裂。另外，蓋上鍋蓋的目的在於**避免湯汁蒸發與保留風味**。

4 關火，取出落蓋，放入四季豆，蓋上鍋蓋，靜置10分鐘

關火 約10分鐘

加熱後，馬鈴薯不會立刻變色與入味

曾有實驗發現放涼的時候，**50℃左右的調味湯汁會滲入食材**（入味），而且急速冷卻的時候也會入味。不過，**若慢慢放涼的話，馬鈴薯的口感會比較鬆軟**，所以這裡設定放涼10分鐘，假設食材的體積較大，建議把放涼的時間設定得長一點。

營養均衡的主菜：**半熟鰹魚**（2人份）

鰹魚擁有豐富的鐵與維生素B12，可有效預防貧血

1. 將鰹魚片（生魚片等級）放在濾網上，均勻澆淋熱水，再放入冷水中降溫。用廚房紙巾包好，放入冰箱冷藏。
2. 將4片青紫蘇和10g生薑分別切成細絲，再將1個茗荷切成薄片，放入水中略泡一下，再瀝乾水分，最後將½瓣的蒜頭切成薄片。
3. 將鰹魚切成薄片後盛盤，撒上作法**2**的食材，淋上適量市售酸橘醋醬油。（松本）

case study #006

燉鹿尾菜

這是有備無患的配菜與便當菜。
請透過這道燉鹿尾菜學習
味道較重的日式調味手法。

材料：方便製作的份量

鹿尾菜（乾）	25g

紅蘿蔔	50g
蓮藕	50g
蒟蒻	50g
水煮大豆	50g
豆皮	1片

芝麻油	1大匙
高湯	180mℓ
醬油	2大匙
味醂	2大匙
砂糖	1小匙

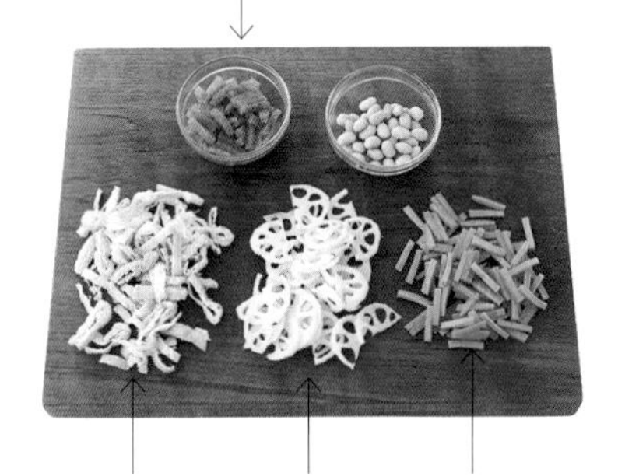

作法：

1 鹿尾菜
先泡在大量的水裡，
靜置20分鐘後，瀝乾水分

20分鐘

泡水若泡太久，鹿尾菜會變得太軟爛，造成口感不佳，**浸泡的時間以20～30分鐘最適當**。

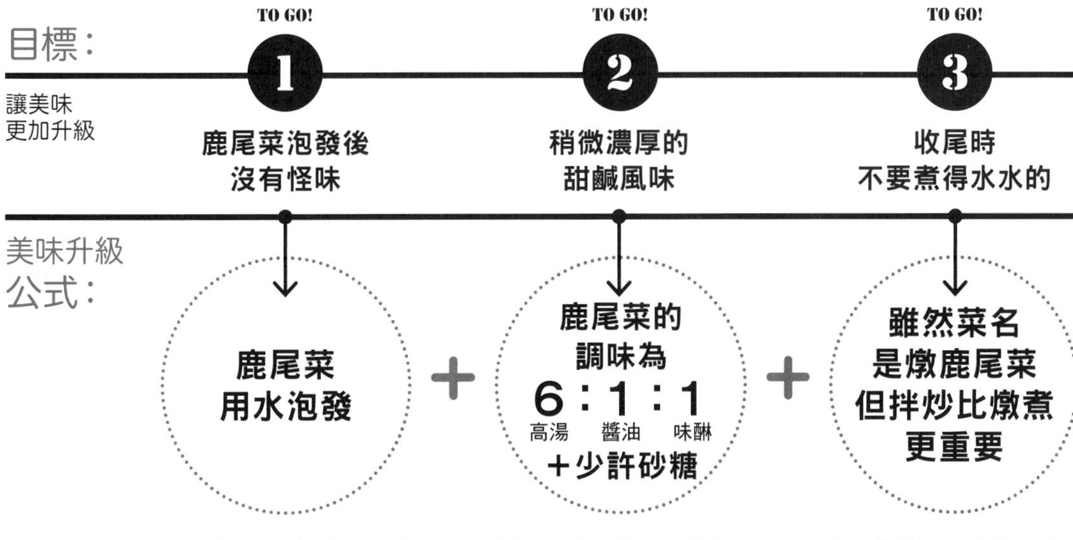

鹿尾菜又叫羊栖菜，是將藻類曬乾後包裝販售，使用前需先用足量的水浸泡20分鐘至脹發，建議水量為乾燥時的50倍(20g的鹿尾菜約需1ℓ的水)，泡發後的**重量會比乾燥的時候重8～10倍**。其特殊氣味也會在泡發後減少。

比起馬鈴薯燉肉，**燉鹿尾菜的味道調得重一點、甜一點的話會比較好吃**，所以要調整八方高湯(高湯8：醬油1：味醂1)的比例，也要額外加上一點砂糖。如果喜歡甜一點的調味，只需要增加砂糖的份量，不要改變主調味料的比例。

鹿尾菜與馬鈴薯燉肉或其他湯汁較多的燉菜不太一樣，是**先將食材炒透，再加入調味料煮乾湯汁的料理**，所以拌炒的步驟格外重要。炒乾食材，調味料才能滲入食材。如果炒得不夠乾，最後就會煮成水水的狀態。

2 將油、紅蘿蔔、蓮藕、蒟蒻入鍋拌炒2分鐘，加入鹿尾菜炒2分鐘，再加入大豆和豆皮拌炒30秒

中火　2分鐘⇒2分鐘⇒30秒

蒟蒻要炒到
表面冒泡泡為止

↓

從底部
往上翻拌，
炒透所有食材

3 倒入高湯、醬油、味醂、砂糖，靜置40秒後拌勻。煮30秒至湯汁收乾

中大火　40秒⇒30秒

依序加入
高湯和調味料

↓

目標是將
湯汁煮到
剩下1/4～1/5

case study #007

燙青菜

學會基本技巧，就能煮出色香味俱全的料理。這道菜味道清淡，能一口氣吃下很多，是解決蔬菜攝取不足的理想料理。

材料：2人份

小松菜	100g
豆皮	½片

切成細條。若在意豆皮的特殊味道，可先用溫水搓洗一下，若不在意，可直接使用。

高湯	150mℓ
醬油	2小匙
味醂	2小匙

作法：

1 煮一大鍋熱水，將小松菜從根部放入熱水中煮1分鐘

大火　放入小松菜後，煮接近1分鐘

葉綠素這種青菜的色素成分不耐加熱，煮太久會褪色褪得很明顯。為了避免熱水的溫度在放入小松菜時下降，**建議煮較大鍋的熱水（100g的小松菜需要1ℓ以上的水）**，在沸騰的時候放入，短時間燙熟。

目標：讓美味更加升級

TO GO! **1** 煮成翠綠的顏色

TO GO! **2** 調味

美味升級公式：

青菜先汆燙再加調味料燉煮 ＋ **燙青菜的調味為 15：1：1**（高湯　醬油　味醂）

青菜的翠綠色源自於**葉綠素，這種成分卻不耐熱與酸，一旦青菜未經汆燙就使用醬油(屬pH＝5弱酸性)調成的醬汁煮，青菜就會變成暗綠色**。燙青菜應該先汆燙，留住鮮綠色澤，再放入醬汁中短時間煮入味(保留青菜顏色的汆燙方式參照P.83)。

能突顯蔬菜原有風味的清淡調味是以高湯為基底並加入鹹味調味料，主要比例為高湯：醬油：味醂＝15：1：1。**除了菠菜和小松菜等綠色蔬菜外，南瓜、白蘿蔔也很適合以清淡的調味燉煮**。這種水煮湯汁的鹽分濃度約1%，所以當成湯來喝味道也很剛好。

2 立刻放入冷水中降溫。擰乾水分，再切成長4～5cm段

急速降溫是很重要的步驟，也可用水沖涼

3 煮滾高湯和調味料後，放入豆皮煮1～2分鐘，再放入小松菜煮1分鐘

中火　煮滾⇒1～2分鐘⇒1分鐘

豆皮會熬出美味的高湯！

case study #008

味噌鯖魚

很多人都不擅長烹調魚料理，請利用這道味噌鯖魚學會煮魚的基本功夫吧！只要多一、兩個步驟，這道料理的滋味就會更上一層樓。

目標：讓美味更加升級

TO GO! 1	TO GO! 2	TO GO! 3
沒有魚腥味	提升香氣	精準調味

美味升級公式：

燉煮前先用熱水燙過，再用水洗掉魚腥味 ＋ **煮魚的時候不要蓋蓋子。味噌到最後才加進去** ＋ **調味料比例為 8：1.5：1.5**（水＋酒　味噌　砂糖）

魚腥味的主要來源為三甲胺，原本是美味成分，但被細菌分解後，就會變成氣味不好聞的一種**水溶性成分。魚的表面有很多細菌**，所以第一步就是將**片好的魚肉放入熱水中汆燙殺菌，之後再用水洗掉臭味成分**。這種事前處理的方法在日本料理中稱之為**霜降**。

有些氣味（香氣）成分具有快速轉換成氣體的一種性質（揮發性），而魚腥味與味噌的香氣也具有這種特性。**煮魚時不蓋鍋蓋，可讓這些氣味揮發，讓魚腥味不那麼明顯**。反之，以香氣為賣點的味噌就不適合在一開始就全部加入鍋中，而是要在最後才加進去，如此一來，才能保留最完整的香氣。

和食基本調味料的比例是高湯：醬油：味醂＝8：1：1，這裡是進階版。**高湯用水和酒取代，醬油則改成味噌**。1大匙的鹽分，大豆味噌為1.9g，普通味噌為2.2g，相較於醬油的2.5g來說，鹽分的確比較低，份量才加得比較多。此外，這道菜煮得稍微甜一點會比較好吃，因此另外加入砂糖。

材料：
2人份

鯖魚（魚片）	2片（200g）

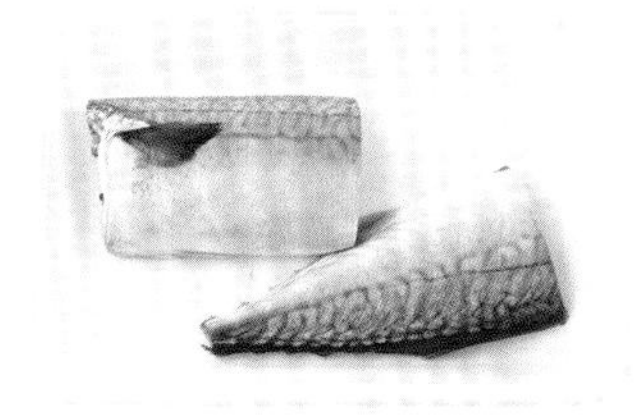

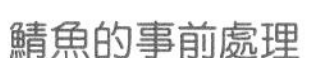

鯖魚的事前處理

先在表皮劃出十字刀痕，避免魚皮在燉煮的時候破掉。

水	60mℓ
酒	60mℓ

A	味噌（建議使用大豆味噌）	1又½大匙
	砂糖	1又½大匙
	水	1又½大匙

拌勻

最後收乾的過程中水分會蒸發，所以要先加水來補足。

長蔥	1根
生薑	1塊（10g）

生薑 切成薄片　長蔥 切成長5cm段

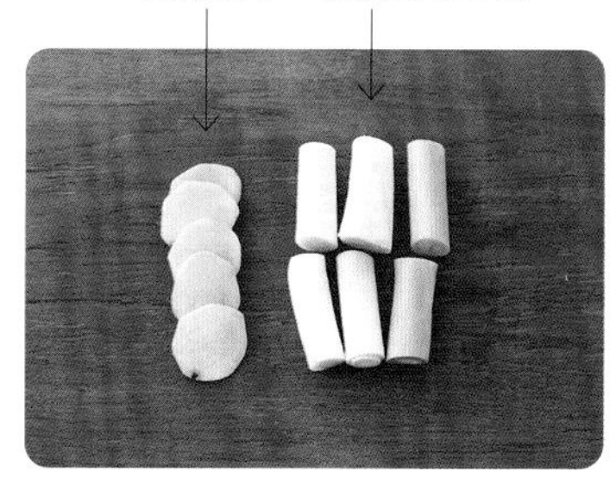

作法：

1 平底鍋中加水煮滾，放入鯖魚汆燙10～20秒，撈出放入水中清洗，取出後再擦乾表面水分

中大火　沸騰⇒放入鯖魚汆燙10～20秒

加熱之後，魚肉表面會變白，宛如一片白霜，所以被稱為霜降法。

↓

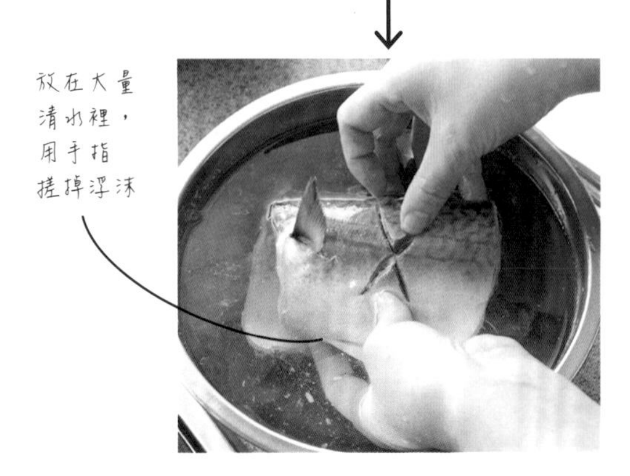

2 平底鍋洗淨後加水、酒、⅓量的材料A，開火煮滾後，放入鯖魚、蔥、薑

中大火　沸騰

為了享受味噌的香氣、醇厚與滋味，**一開始先放⅓量的材料A，剩下的要到最後才放入鍋中。**

↓

營養均衡的副菜：**豆腐石蓴昆布茶**（1人份）

利用昆布茶調出清爽的滋味，再加入海藻做成湯豆腐

1. 在鍋裡放入¾杯水、¼小匙昆布茶、¼小匙薄口醬油，用中火加熱至沸騰，再加入70g切成3㎝塊的豆腐，轉小火煮1分鐘。
2. 在作法**1**的鍋中加入30g的石蓴後關火。（小田）

3 用中火煮3分鐘，同時撈除浮沫。放入落蓋再煮3分鐘

中火　3分鐘⇒放入落蓋煮3分鐘

↓

將鋁箔紙或料理紙當作落蓋使用

魚肉的蛋白質會在溫度上升至50℃時變得最軟，這也是魚肉被煮散的原因，所以剛開始煮的時候，絕對不要隨便移動或觸碰魚肉。

4 加入剩下的材料A煮3分鐘，收乾湯汁

中火　3分鐘

↓

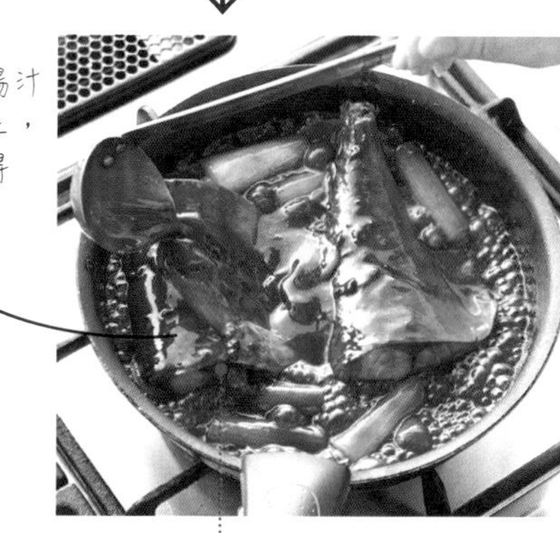

邊煮邊將湯汁淋在魚肉上，就可以煮得鮮嫩多汁

煮太久的話，魚肉就會因為溫度太高而變硬。加熱時間總共約9分鐘即可。

營養均衡的副菜：**蘿蔔泥拌飛龍頭**（2人份）

植物性蛋白質搭配維生素C豐富的蔬菜

1. 將2個飛龍頭(炸豆腐丸子)分別切成兩半，用烤箱或平底鍋煎烤3分鐘。
2. 將1/3把菠菜用熱水煮熟，放入冷水中降溫，擰乾水分後，切成長2cm段。
3. 將1/4杯白蘿蔔泥瀝乾水分，和1/2小匙柚子胡椒、1/2小匙橄欖油、少許醬油調勻。
4. 將作法**1**、**2**、**3**的食材拌勻。(堤)

case study #009

茄醬燉翅腿

此處介紹的是將帶骨雞肉等帶有韌性的部位煮軟的方法，而且也是很適合煮起來當常備菜的料理。

擺盤 memo

可視個人喜好撒上少許新鮮的巴西里末。

目標：
讓美味
更加升級

TO GO! 1	TO GO! 2	TO GO! 3
不會煮得過於軟爛	將肉煮到輕輕一咬就散開的程度	醬汁的味道滲入雞肉

美味升級
公式：

先煎熟雞肉表面再燉煮 ＋ **燉煮使用的是高湯而不是醬汁** ＋ **以醬汁燉煮時熬煮時間只要10分鐘就足夠**

雞肉先在已經預熱至高溫的平底鍋中煎過，可讓表面的蛋白質急速凝固，也就能留住肉汁(醇味)，還能避免雞肉在燉煮過程中散掉。先讓雞肉表面用高溫煎過，可讓蛋白質與糖質產生梅納反應，同時讓表面煎出焦色。

帶韌性部位的肉若加水長時間加熱，被肉的纖維包覆的組織、膠原蛋白就會轉化成膠狀，也就能創造出入口即化的口感。湯汁的鹽分濃度太高的話，肉的水分會因滲透壓流失，肉質也會變硬，所以要**長時間燉煮的時候，鹽分濃度最好低一點，才能將肉煮得軟嫩**。

許多人以為燉煮需要煮很長一段時間才能夠讓食材入味，但只要先用上述兩個方法將肉事先煮軟，接下來再**花10分鐘左右的時間燉煮，一樣能煮得入味**。這裡是將雞肉煮成蕃茄風味，其他像白醬或咖哩醬風味也很好吃。

材料：
2人份

雞翅腿肉	6隻(400g)

先用廚房紙巾擦乾雞翅腿肉表面的水分，再撒上1/5小匙(1g)的鹽和少許胡椒。

A		
	白酒	50mℓ
	西式高湯塊	1/2塊
	乾燥月桂葉(有的話)	1片

蕃茄醬(市售)	150g
蒜頭	1瓣

蒜頭磨成泥

蕃茄醬選用市面常見的種類即可，瓶裝、罐裝或是袋裝的都可以

鹽	適量
胡椒	少許
橄欖油	1～1又1/2大匙

作法：

1 平底鍋中放入稍多的油燒熱，用大火煎翅腿，再擦除鍋中多餘的油脂

大火 預熱1分鐘⇒2分30秒

↓

2 加入蓋過雞肉的水量和材料A，用大火煮滾。撈除浮沫，蓋上落蓋，轉小火燉煮40分鐘

大火⇒小火 沸騰⇒40分鐘

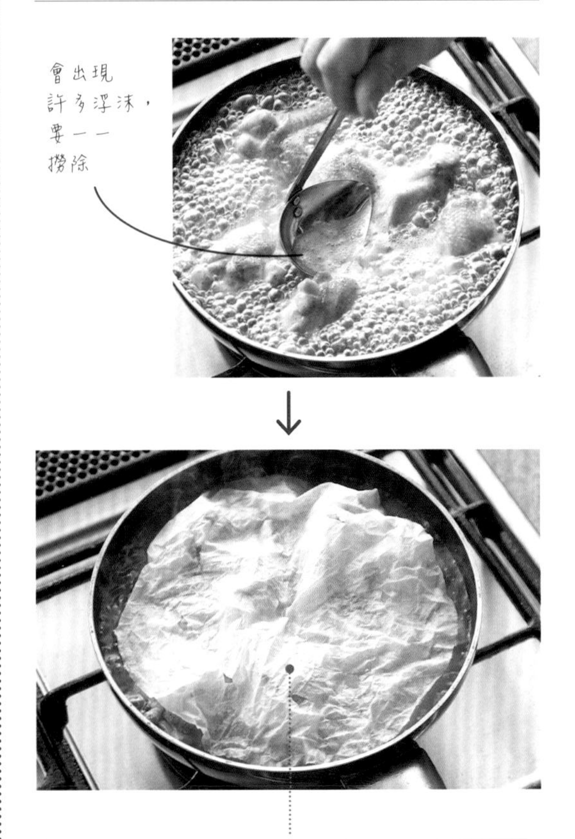

放下落蓋（將料理紙剪成平底鍋大小，揉成圓球後，再攤開來使用的紙蓋）。為了讓肉的腥味能夠揮發，燉煮時**特地不蓋上鍋蓋**。

營養均衡的副菜：**起司焗烤櫛瓜**（2人份）

在蔬菜上方鋪上起司，就能輕鬆攝取鈣質

1. 將1根櫛瓜直剖成兩半，再將長度切成3等分。在切口撒上少許鹽、胡椒，再放上3大匙披薩用起司絲。
2. 將作法**1**放入烤箱烘烤5～6分鐘，直到起司融化為止。
3. 盛盤後，淋上少許橄欖油。（堤）

3 關火，取出雞肉。加入蕃茄醬、蒜泥，和剩下的湯汁拌勻

關火

水煮蕃茄罐頭的蕃茄有明顯的酸味，不太容易調整味道，所以**建議使用容易調整味道的市售蕃茄醬**。

↓

4 將雞肉放回鍋中，邊翻動邊煮10分鐘，讓雞肉均勻裹上醬汁，再加少許鹽、胡椒調味

中火　10分鐘

↓

營養均衡的副菜：**海藻蘿蔔沙拉**（2人份）

以大量的海藻補充膳食纖維，改善腸道環境

1. 先用水泡發乾海藻。
2. 將30g白蘿蔔切成絲狀。
3. 將1小匙洋蔥泥、1小匙醋、1大匙冷開水、少許西式高湯粉、鹽、胡椒混勻。
4. 海藻瀝乾水分，和白蘿蔔絲拌勻後盛盤，淋上作法**3**。（松本）

case study #010

味噌湯

香氣四溢、高湯鮮美的味噌湯是勝過一切美食的湯品，請大家務必試著挑戰熬煮高湯。

材料：2人份

海帶芽(乾)	1～1又$\frac{1}{3}$大匙(2～3g)
長蔥	適量

長蔥切成蔥花

海帶芽先泡在水裡5分鐘，再瀝乾水分

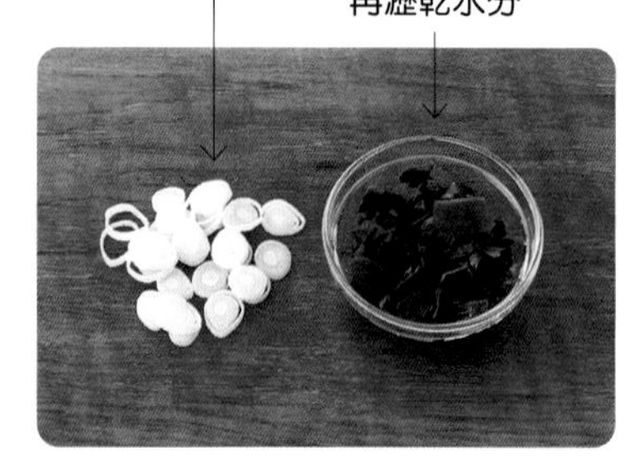

高湯	300㎖

高湯的熬煮方法請參考P.44。也可使用高湯罐頭或高湯粉，但如果是含鹽的種類，最後完成的味噌湯有可能會比較鹹。

味噌	4小匙

可自由選用喜歡的味噌。

作法：

1 從份量中的高湯取出少量先拌融味噌

味噌含水量低，不易融解，所以建議先取**少量的高湯(約味噌的2倍)調開拌融，才不會導致加入湯中出現化不開的顆粒狀。**而且加熱時間也會跟著縮短，提升更多的香氣。

目標：

讓美味更加升級

美味升級公式：

＋

味噌湯的調味為

15：1

高湯　味噌

＋

學會熬煮高湯的方法

（細節請參考 P.44）

味噌的香氣主要來自於酒精。當味噌在發酵桶熟成時，酵母菌會分解糖，進而產生酒精或酯等香氣成分，不過，**一旦溫度超過 90℃，這些香氣成分就會揮發**，所以從古至今，老一輩都說味噌湯不要煮滾就是這個原因。

味噌湯中，味噌與高湯的比例應為 1：15，**以 1 人份的味噌湯來說，150mℓ 的高湯加 2 小匙的味噌。一般的味噌 2 小匙約含有 1.5g 的鹽**，所以味噌湯的鹽分濃度是 1%，也是人感覺到剛好的味道的濃度。味噌種類很多，鹽分含量也不同，請根據使用的味噌自行調整用量。

高湯的鮮味，是由**柴魚片的美味成分肌苷酸鈉和昆布的美味成分谷胺酸鈉**，兩者的相乘效果而來。肉類、小魚乾及其他動物性食品都含有肌苷酸，而蕃茄、白菜這類植物性食品則含有谷胺酸。

2 高湯煮滾後，依序放入蔥花和海帶芽，煮 1 分鐘

不同食材需要不同的加熱時間。豆腐丁約 1 分鐘，白蘿蔔條約 5 分鐘。一口大小的馬鈴薯要跟冷高湯一起煮，煮滾後，10g 馬鈴薯要再煮 6 分鐘，20g 則需 8 分鐘。

3 關火後，倒入作法 1 後再開火，直到快滾沸前就關火

關火⇒中火　拌入味噌後加熱10～20秒

一般認為，**味噌湯香氣最盛、最美味的溫度是 75℃**，煮滾前就關火的話，此時的溫度約為 90℃，之後用湯杓將味噌湯盛入碗中，就會降至最適當的溫度。

熬煮高湯的基本方法

雖然只要把昆布泡在水裡1小時，昆布的精華就會釋放出來，但這樣實在太費時，所以接下來要介紹能短時間內熬出美味高湯的方法。

材料：方便製作的份量

昆布	20g
柴魚片（高湯專用）	40g
水	1.5ℓ

昆布可先用擰乾水分的布擦拭兩面。

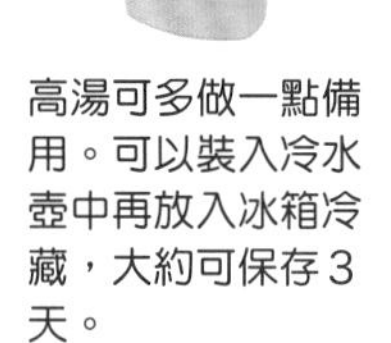

高湯可多做一點備用。可以裝入冷水壺中再放入冰箱冷藏，大約可保存3天。

作法

1 昆布、水倒入鍋中，用中火加熱，看到鍋底浮出小泡泡（60～65℃），再轉成小火加熱10分鐘

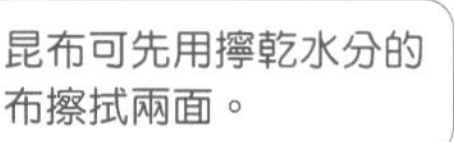

中火⇒小火　加熱至60～65℃⇒10分鐘

盡可能地用溫度計管控，讓溫度維持在60～65℃之間

昆布在經過高溫加熱後，細胞會破裂，也會溶出黏液成分的藻酸、臭味與色素，所以熬煮高湯時嚴禁煮滾。**在60～65℃的熱水中煮10分鐘（可以的話煮20～30分鐘），效果與泡在水裡1小時一樣**，同樣能萃出鮮味成分的谷胺酸。

2 10分鐘後，用中火加熱提高溫度，在沸騰前取出昆布

中火　煮至沸騰前

要知道有沒有萃出昆布的精華，可**在較厚的部分刮刮看，若會留下痕跡就代表已萃出精華**。如果是較硬的昆布，可先放一點水，用小火煮2分鐘觀察狀況。

3 煮沸後，加入所有柴魚片再立刻關火，等待柴魚片完全沉入鍋底

中火⇒關火　沸騰⇒關火靜置

放入柴魚片之後關火，就能熬出清澈的高湯。假使不關火，可熬出較濃的高湯，但高湯也會比較混濁。可視個人喜好決定關火與否。

4 在濾網鋪上乾淨的棉布，過濾作法3的高湯

在調理盆的中央放一個濾網，於濾網上方鋪一層棉布，之後的作業就簡單多了。若沒有棉布，可換成較厚的廚房紙巾。

case study #011 **青蔬炒肉片** ⇒ 了解油在熱炒中扮演的角色與決定鹹度的

case study #012 **木須炒肉** ⇒ 炒出口感蓬鬆的雞蛋

case study #013 **麻婆豆腐** ⇒ 太白粉水的正確使用方法

case study #014 **火腿蛋炒飯** ⇒ 把白

case study #015 **金平牛蒡** ⇒ 精通和

③ 熱炒

case study #011

青蔬炒肉片

熱炒菜是作法簡單，又能攝取均衡營養的代表性配菜，
雖說作法簡單，但要煮得好吃確意外的有點難度唷！

目標：

讓美味更加升級

TO GO! **1** 不會煮成水水的

TO GO! **2** 保留蔬菜的清脆口感

TO GO! **3** 調味

美味升級公式：

材料份量是平底鍋的1/2。火候是不至於炒焦的大火 ＋ **要放油，油的份量為食材的3～5%** ＋ **鹽分濃度1%是每個人都覺得好吃的味道**

熱炒是以預熱的平底鍋在高溫下，短時間加熱食材的烹調手法，所以火候控制與材料份量是否適合鍋子大小就格外重要。基本上**火候是不至於炒焦的大火，食材份量則是平底鍋容量的1/3～1/2**，食材過多時，就算以大火加熱，溫度也上不來，而且水分也無法順利蒸發，最後就會煮得水水的。

在平底鍋內淋一層油，可在鍋底與食材間形成一道油膜，避免食材黏鍋與炒焦。且**油的比熱為水的一半，溫度可上升至2倍，熱效率也較佳**。讓蔬菜表面被略多的油包覆，可在短時間內炒熟，但油太多則會顯得油膩，所以建議**讓油的份量維持在食材重量的3～5%**。

據說人體血液或其他體液的鹽分濃度約為0.9%，所以當鹽分濃度為接近體液的0.8～1%時，就會是恰到好處的味道。鹽分濃度是指鹽和食材總量的比例，以這道料理而言，食材總量約為400g，所以鹽的用量可控制在4g左右，如果換成培根這種本身就有鹹度的肉類，就需要減少鹽的份量。

材料：

2人份

豬肉片	100g
高麗菜	100g（中型2片）
豆芽菜	100g（1/2包）
洋蔥	50g（大型1/4顆）
紅蘿蔔	30g（中型1/5條）

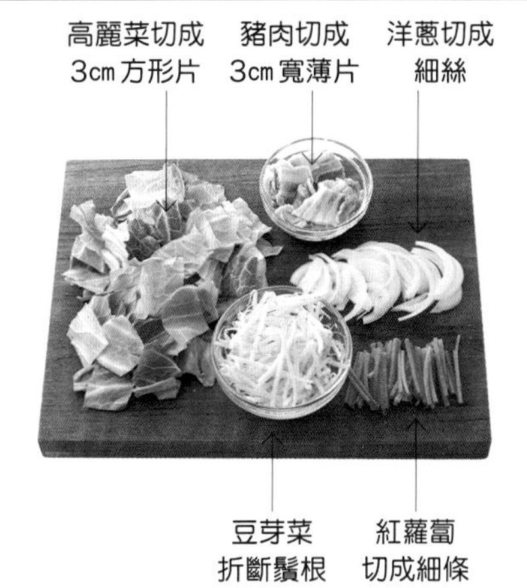

沙拉油	1～1又1/2大匙
鹽	4/5小匙（4g）

作法：

1 平底鍋中加油燒熱，放入肉片攤平，煎烤1分鐘至上色

大火⇒中大火 預熱1分鐘⇒1分鐘

炒菜的關鍵在於要先預熱平底鍋，才能短時間炒熟食材，不過要注意的是，若是加熱到會冒煙的程度，油就會急速劣化，所以千萬不要加熱過頭。油在加熱之後，黏度會下滑，**所以油大概可加熱至能順利散開，均勻潤鍋的程度即可。**

2 放入紅蘿蔔、洋蔥，拌炒1分鐘。放入豆芽菜、高麗菜，炒到表面均勻吃油。

中大火 2分鐘

↓

炒的順序是肉→蔬菜。先炒肉可讓**肉的脂肪與蛋白質的美味成分滲入後續放入的食材中。**

營養均衡的副菜：**分蔥鮪魚膾**（2人份）

分蔥的香味成分與鮪魚的DHA具有讓血液變得清澈的效果

1. 將2支分蔥切成蔥白和蔥綠，蔥白放入熱水中燙軟，再放入蔥綠汆燙，撈出放涼。
2. 用菜刀刮出蔥綠、蔥白的內側黏液，再切成長3cm段。
3. 將40g鮪魚(瘦肉、生魚片等級)切成一口大小。
4. 將各2小匙白味噌及砂糖、1小匙醋、少許黃芥末調勻，再和蔥、鮪魚混勻(松本)。

3 撒上鹽、胡椒，靜置30秒再拌炒5秒

大火 35秒

太早加鹽或其他調味料，**蔬菜會因為鹽的脫水作用而滲出水分**，整道菜也會變得水水的。建議調味料在最後收尾的時候再一起加。

4 再靜置30秒左右，最後拌炒5秒

大火 35秒

家用瓦斯爐的火力不足以在不斷地拌炒與翻鍋的狀態下保持溫度，食材也很難快速炒熟。**為了拉長食材的導熱時間，建議先靜置30秒，等到快焦了再拌炒或翻鍋，才能有效率地炒熟食材。**

營養均衡的副菜：**起司焗烤茄醬鯖魚**（2人份）

很適合想多補一道份量十足的配菜時使用

1. 將1罐水煮鯖魚罐頭(190g)的湯汁瀝乾，倒入調理盆，再拌入150g蕃茄醬。
2. 將作法**1**倒入耐熱容器中，撒上40g披薩用起司絲，放入烤箱烤10～15分鐘。取出後，撒上少許麵包粉、起司粉、巴西里末，再烤至上色為止。(前田)

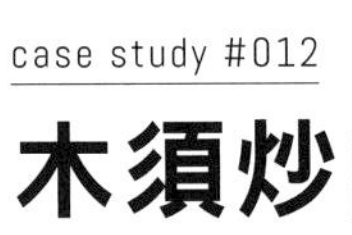

case study #012

木須炒肉

這道菜的口感是由3種食材交織而成，有肉的焦香、木耳的清脆與雞蛋的鬆軟。這道菜重點在於炒出口感鬆軟的雞蛋。

材料：2人份

雞蛋	1顆
豬五花肉片	60g
乾木耳	4g

將雞蛋打成蛋液，撒點鹽、胡椒混勻

乾木耳泡水20分鐘，再摘掉蒂頭

豬五花肉片切成3㎝寬

鹽、胡椒	各少許
蠔油	1～2小匙
芝麻油	適量

作法：

1 平底鍋中倒入1大匙芝麻油，燒熱後倒入蛋液，快速炒過後，取出備用

大火⇒中火　預熱1分鐘⇒倒入蛋液30秒

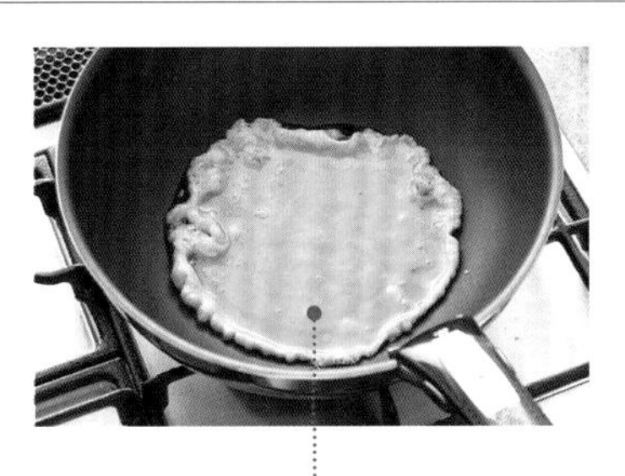

輕輕攪拌蛋液，讓蛋液吸油後，等到邊緣開始膨脹即可取出備用。

目標：

讓美味
更加升級

TO GO! **1** 炒出口感鬆軟的雞蛋

TO GO! **2** 雞蛋與其他食材的搭配

美味升級公式：

以略多的油並用高溫來炒蛋，再取出備用 ＋ **雞蛋在最後倒回鍋中，與其他食材拌勻**

加熱略多的油後，倒入蛋液，蛋液就會吸油膨脹而變得蓬鬆。油量大約是**雞蛋的25%**，1顆雞蛋約需1大匙油。**雞蛋的蛋白質會在加熱至65～75℃時凝固**，若以高溫加熱，會在極短時間內凝固。如果一直放在鍋中加熱，蛋會太熟，味道與口感也會變差，故需先取出備用。

炒熟其他的食材後，將事先炒熟取出備用的蛋倒回鍋中，在食材最美味時起鍋。料理是否美味，取決於外觀、香氣、溫度、口感這些複合的因素，而口感的佔比又特別高，因此以口感做為起鍋時機的判斷也是一種方法。

2 平底鍋中倒入芝麻油燒熱，倒入豬肉片拌炒，再放入木耳，最後加入蠔油炒勻

中火 1分30秒

1大匙的蠔油約有2g的鹽分。蠔油本身就有甜味與醇味，所以只要少許就能調出美妙的風味。

3 倒回雞蛋後，輕輕拌開，同時與所有食材炒勻

中火 10秒

case study #013

麻婆豆腐

麻婆豆腐是一道很受歡迎的中式料理。在家裡烹調時，最讓人意外的是勾芡並不容易拿捏，讓我們透過這道菜學會太白粉的使用方法吧！

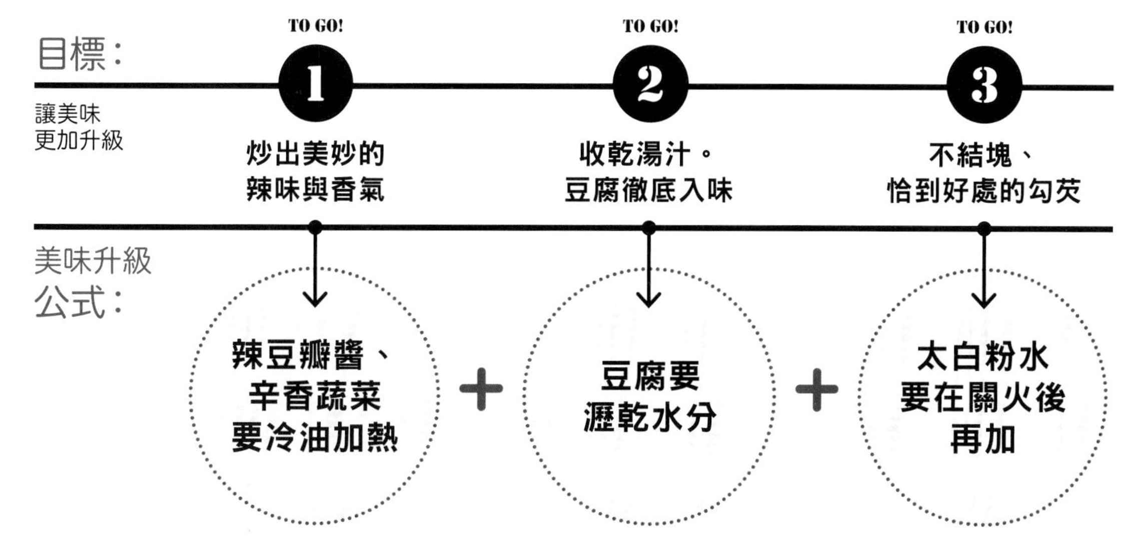

辣豆瓣醬、蒜頭、生薑的辣味成分與香氣成分**屬脂溶性（遇油融化的性質），所以加熱可讓這些成分滲入油裡**，讓料理因為這些成分變得更美味。但若在油加熱至高溫時放入這些食材，會一下子就焦掉，香氣成分也會迅速揮發，所以要在冷油的時候放入，並用**小火慢慢加熱**。

豆腐的水分很多，若不先瀝乾水分就泡在調味汁裡面，豆腐會因為浸透壓的原理滲出水分，也就很難煮得入味。瀝乾水分的方法有很多，以麻婆豆腐這道菜為例，**可先將豆腐切成塊狀再排列開來。增加脫水面積之後，大概只需靜置10分鐘**就能瀝乾水分。

勾芡就是將加了澱粉的水加熱，讓澱粉顆粒吸水膨脹與糊化的現象。太白粉的原料之一是**馬鈴薯的澱粉，會從65℃左右開始急速凝固，到了75℃後會變得最黏**。若在高溫的狀態下倒入太白粉水，就會在溶開之前就先結塊，所以一定要**先關火再加**。

材料：
2人份

材料	份量
木棉豆腐	300g（1塊）
豬絞肉	100g
長蔥	½支
蒜頭	1瓣（8g）
生薑	½塊（5g）

材料	份量
芝麻油	2小匙
辣豆瓣醬	½小匙
甜麵醬	2大匙

A		
	中式高湯粉	½小匙
	水	100mℓ
	酒	1大匙
	醬油	1大匙
	砂糖	1小匙

拌勻

B		
	太白粉	1大匙
	水	2大匙

攪拌均勻

太白粉泡在水裡之後，澱粉顆粒會吸飽水，芡汁的濃度也會比較平均。建議一開始就先調好芡汁。

作法：

1 將芝麻油、蒜泥、薑泥、辣豆瓣醬放入平底鍋，以小火慢炒，讓香氣與辣味滲入芝麻油

小火　炒出香氣為止(約1分鐘)

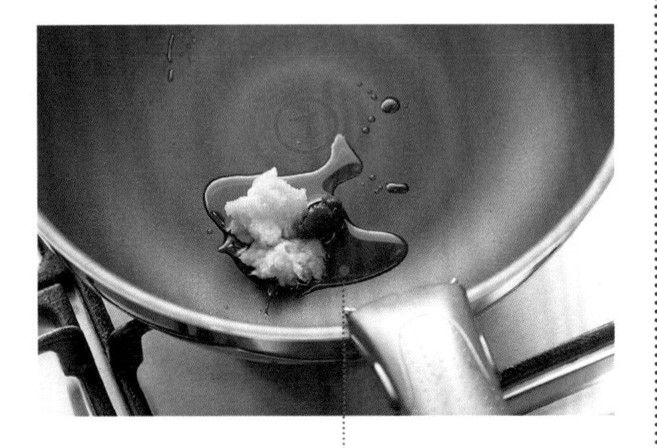

當鍋中逸散出香氣，**辣椒的紅色色素溶入芝麻油，就是香氣與辣味滲入芝麻油**的證據。炒焦會變苦，所以千萬要注意食材的變化。

2 加入絞肉拌炒，炒至八成熟後，拌入甜麵醬

中火　1分30秒

↓

炒到甜麵醬與絞肉融為一體為止(約40秒)

營養均衡的副菜：**蒜香青江菜**（2人份）

青江菜是富含維生素C、β-胡蘿蔔素、鈣質的蔬菜

1. 將1小匙芝麻油與切成5mm丁狀的¼瓣蒜頭放入平底鍋。用小火爆香後，依照莖部與菜葉的順序加入100g的青江菜拌炒。
2. 將3大匙水、½小匙中式高湯粉、½小匙太白粉調勻，淋入作法**1**中，再炒到湯汁收乾、變得濃稠為止。(小田)

3 加入材料A，煮滾後放入豆腐，用中火煮2分鐘。加入蔥花，再快速攪拌

中火　煮滾⇒放入豆腐煮2分鐘

若用大火燉煮，豆腐的水分會因此沸騰，豆腐的組織也因此出現「空洞」，口感會跟著變差，所以要用中火慢煮。

↓

為了保留蔥的香氣，這時再放入

4 關火，加入太白粉水整體拌匀。再開火，輕輕攪拌，直到變得濃稠再關火

關火⇒中火　變得濃稠為止

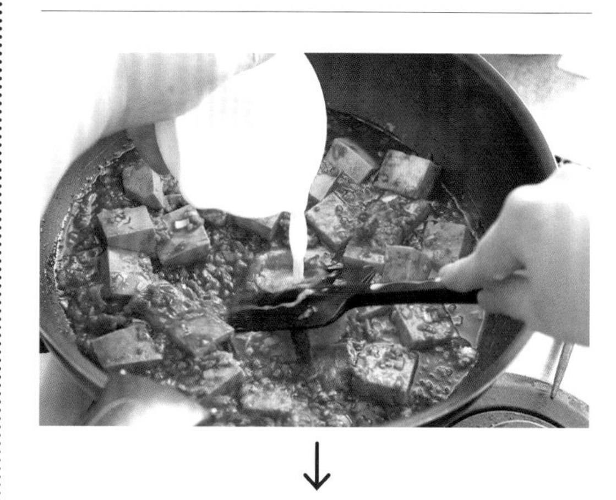

↓

將攪拌過的太白粉水往**溫度最低的平底鍋中心點倒**，再如畫圓般，從中心點往外攪拌，讓太白粉水均勻混合。**煮到湯汁變得濃稠後就可以關火**。若是煮到溫度太高，澱粉顆粒就會瓦解，黏度也會下降。

營養均衡的副菜：**豌豆蛋花湯**（2人份）

這是中式菜色之中的經典湯品，蔬菜可換成當令時蔬

1. 將3～4根豌豆朵燙後切絲，乾木耳泡水發脹後切絲。
2. 平底鍋倒入1小匙芝麻油燒熱，放入作法**1**食材拌炒，加入少許醬油、1/3小匙中式高湯粉、200mℓ水煮滾。
3. 將1小匙水、1/2小匙太白粉拌勻，倒入鍋中，煮出稠度後，一邊畫圈，一邊淋入1顆蛋量的蛋液，煮成蛋花。（佐伯）

case study #014

火腿蛋炒飯

這是比想像中困難的一道料理。如果學會將飯炒得粒粒分明的祕訣，就能在家享用美味的炒飯。

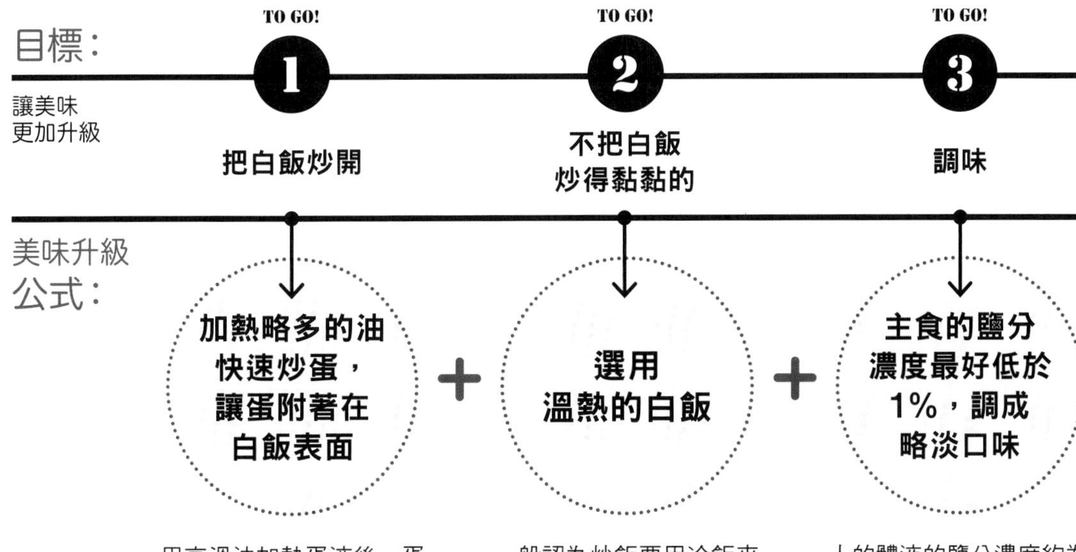

用高溫油加熱蛋液後，蛋會凝固，蛋白質裡的水分也會快速蒸發，形成網狀組織的蛋白質**也會如海綿般吸油**。這道炒飯就是要利用雞蛋吸收的油包覆在飯粒的表面，炒成粒粒分明的狀態。**油可稍微多放一點，大約是白飯的5～6%的量**。

一般認為炒飯要用冷飯來炒，才不會黏黏的，但冷飯同樣會讓平底鍋的溫度下降，所以**溫熱的白飯是比較合適的選擇**。白飯與食材的量不宜超過平底鍋的½，所以盡可能每次炒一人份的量，才能炒出美味的炒飯。

人的體液的鹽分濃度約為1%，所以當料理的鹽分濃度同為1%時就會覺得好吃。本書依照各料理的特色，讓鹽分濃度保持在較淡的0.8%與較鹹的1.2%之間。炒飯這種主食通常份量較多，也會搭配副菜與湯品，所以鹽分濃度在**略淡的0.8～0.9%之間是比較適當的**。

材料：
2人份

材料		份量
白飯（溫熱的）		400g
雞蛋		2顆
A	鹽	⅕小匙（1g）
	胡椒	少許
火腿		2片
長蔥		½支

材料	份量
芝麻油	2大匙
醬油	2小匙
酒	2小匙
鹽	接近½小匙（2g）
胡椒	少許

作法：

1 平底鍋中放入芝麻油，燒熱後倒入蛋液，等膨脹後快速攪拌，再立刻倒入白飯

大火⇒中火　預熱1分鐘⇒倒入蛋液10秒

↓

將油充分燒熱後，倒入蛋液。**看到蛋液膨脹，代表已吸飽了油**。此時可快速拌開蛋液，**趁著還是半熟的狀態立刻倒入白飯**。

2 像是切開的動作拌開白飯與蛋。蛋均勻散開後，繼續炒2分鐘

中火　拌開2分鐘⇒炒2分鐘

先用橡膠鍋鏟或木匙拌開白飯，**此時的動作有點像是要把飯堆切開來一樣**，也順勢將蛋拌成小塊，讓蛋均勻散開來。接下來的動作是拌炒，可利用**大湯杓的底部重複按壓所有食材並混合拌炒**，讓白飯吸附蛋的油，也就能炒出粒粒分明的炒飯。

↓

若使用氟素樹脂加工的平底鍋，用大湯杓按壓與攪拌白飯時，可改用橡膠材質或木頭材質的鍋鏟

營養均衡的副菜：**山麻玉米湯**（1人份）

切開後，滲出黏液的山麻擁有豐富的β-胡蘿蔔素，具有預防感冒的功效

1. 先用熱水汆燙¼把的山麻，再放入水裡降溫。撈出瀝乾水分後再切成小段。
2. 在鍋裡加入½小匙中式高湯粉、¾杯水。煮滾後，加入作法**1**的食材、1大匙玉米粒，再加入少許鹽、胡椒調味。（牧野）

3 撒上鹽、胡椒，拌入火腿、蔥，再淋入醬油

中火 1分鐘

↓

4 最後在平底鍋的鍋緣淋酒，再稍微攪拌一下

中火 10秒

酒精揮發可使炒飯帶有酒香，也可使飯粒變得溼潤膨脹。炒太久飯粒會變得太乾，千萬要注意拌炒的時間。

營養均衡的副菜：**蔥香海帶芽**（2人份）

利用海藻補足鈣這類礦物質與膳食纖維

1. 先洗掉海帶芽(鹽漬)表面的鹽，再泡水至膨脹。瀝乾水分後切大段。將10cm段的長蔥切成細絲，泡水備用。
2. 海帶芽盛入盤裡，鋪上白蔥絲。
3. 將加熱過的2小匙芝麻油淋在作法**2**上，再淋上1小匙薑汁與少許醬油。(松本)

case study #015

金平牛蒡

這是經典的日式小菜，可當作便當菜，平常也可多做一些備用。只要甜鹹拿捏得宜，就能對日式料理多幾分自信。

擺盤 memo

可依照個人口味及喜好撒上少許白芝麻。

材料：2人份

牛蒡	150g
紅蘿蔔	50g

紅蘿蔔切成5㎝長再切成細絲

牛蒡切成5㎝長再切成細絲。若要泡在水裡，也不要泡太久

牛蒡用棕刷刷洗表面後，再以菜刀輕輕刮掉表皮。

A		
	醬油	1大匙
	味醂	1大匙
	砂糖	2小匙

拌勻

芝麻油	1大匙
乾辣椒	小根½根

乾辣椒刮除種籽，泡在水裡10分鐘，泡軟後再切成圈狀。

作法：

1 平底鍋中放入芝麻油，燒熱後放入牛蒡、紅蘿蔔，用中大火拌炒2分鐘

中大火　2分鐘

拌炒至食材表面均勻沾上油為止

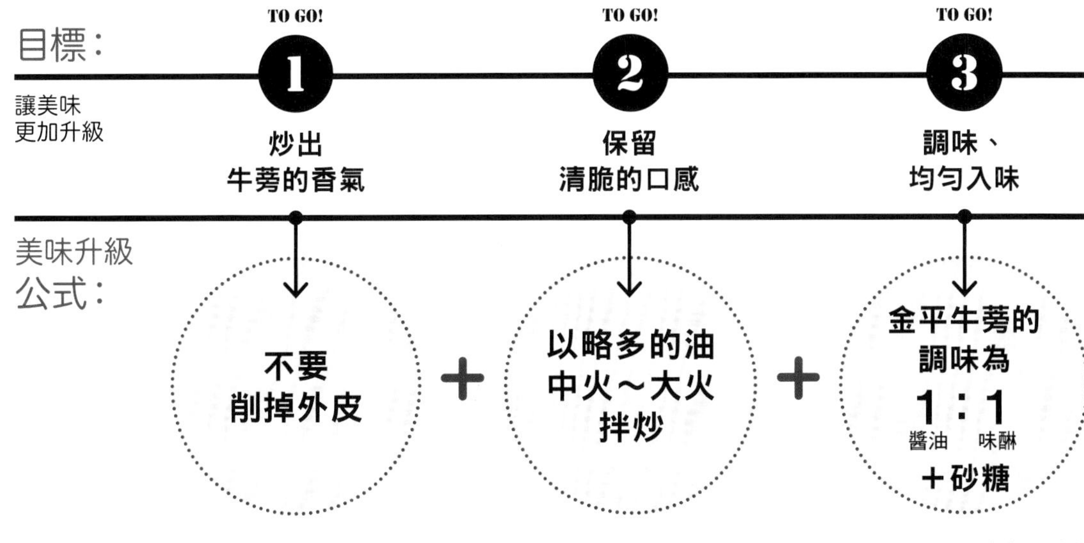

牛蒡的香氣來自表皮，所以不要用削皮器削除，以菜刀輕輕刮就好，而且最好**一切開就立刻烹調**，否則接觸空氣太久，牛蒡的多酚就會因為酵素而產生褐色素，顏色也會變得較暗深沉。泡水雖然可延緩這個現象，但香氣成分也會跟著流失，所以千萬要注意烹調的速度。

金平牛蒡的烹調過程是先用油炒牛蒡，加入調味料後燉煮，基本上與青蔬炒肉片（P.46）的烹調方式相同，建議以**稍多的油以及略強的火候來炒**。火候太小的話，牛蒡會滲出水分，整盤菜就會變得水水的，所以控制在中火至大火間比較好。食材的粗細與長短也要切得一致。

金平牛蒡的調味與照燒類的料理一樣，都是**醬油：味醂＝1：1**的比例，不過**加了一點砂糖，讓味道有點甜**。如果想調出覺得美味的1％鹽分濃度，250g的蔬菜可用1大匙醬油（鹽分含量2.5g）調味，但**金平牛蒡這道菜適合煮得鹹一點，因此將鹽分濃度設定為1.2%**。

2 關火，加入調味料與乾辣椒，再拌至整體均勻

關火 10秒

平底鍋的溫度若太高，調味料會在沾附到食材表面前就蒸發掉，所以**倒入調味料之前記得先關火，然後均勻攪拌**，這樣味道才會平均。

3 重新開火，炒至湯汁收乾為止

中大火 約1分鐘

時蔬燴鮭魚（2人份）

鮭魚的橘色色素
是具有抗氧化作用的蝦青素

1. 將1又⅓小匙太白粉和1大匙水調勻成太白粉水。2片鮭魚(200g)去除魚皮後，切成3等分，再撒上近½小匙鹽(2g)，靜置10分鐘。擦乾鮭魚表面滲出水分。接著將20g洋蔥、20g紅蘿蔔、30g高麗菜分別切絲。
2. 在作法**1**的鮭魚表面拍上太白粉。平底鍋中放入2大匙油燒熱後放入鮭魚，煎至兩面熟透後取出備用。
3. 取另一個平底鍋，倒入1小匙芝麻油燒熱，轉中火，放入作法**1**的蔬菜炒軟，加入高湯150mℓ、醬油及味醂各2小匙、砂糖⅔小匙，煮滾後關火。
4. 將太白粉水倒入作法**3**中，均勻攪拌後開火。稍微煮滾，湯汁也變濃稠後，淋在作法**2**的鮭魚上。(前田)

豆皮滑蛋丼（2人份）

沒辦法去買菜或是錢包空空的時候，最適合煮這道菜

1. 將1片豆皮切成一口大小，用水邊沖邊搓洗。將2顆雞蛋打成蛋液。½顆洋蔥切成薄片。
2. 將120mℓ高湯、洋蔥、豆皮依序放入小平底鍋中，再加入各1大匙的醬油、味醂以及1小匙砂糖，蓋上鍋蓋，用中火燉煮，直到洋蔥煮軟為止。
3. 在作法**2**的鍋中倒入⅔量的蛋液，蓋上鍋蓋加熱30秒，再倒入剩下的蛋液，轉成小火加熱30秒。關火，將食材鋪在盛有適量白飯的大碗中。(前田)

培根炒蛋（2人份）

雞蛋雖然沒有維生素C，
但其他的營養卻很均衡，是非常優秀的食材

1. 將3顆雞蛋打成蛋液，加入1大匙牛奶、少許胡椒拌勻。
2. 將2片量的培根切成短片狀，平底鍋中放入20g奶油燒融後，放入培根炒出香氣。
3. 倒入作法**1**的蛋液，一邊攪拌，一邊用小火加熱，直到蛋液變得濃稠即可關火。(前田)

case study #016　**炸雞** ⇒ 先從低溫油炸的炸雞

case study #017　**炸薯條 & 蔬菜天婦羅**

⇒ 冷油油炸的薯條及高溫油炸的蔬菜

④

油炸

case study #016

炸雞

這裡要介紹的是如何在家裡自己做外酥內嫩又多汁的理想炸雞，
有很多讓人意想不到的技巧唷！

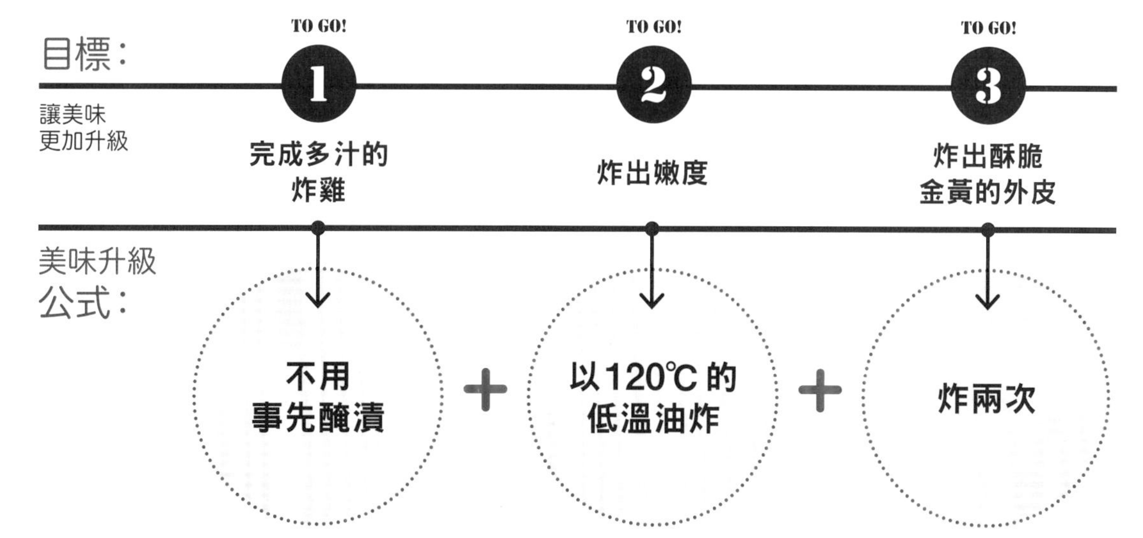

炸雞會炸得很硬的原因之一就是事前的醃漬。**雞肉泡在鹽分濃度高的調味液中太久的話，就會因為滲透壓而脫水，之後經過油炸，水分會再蒸發，導致雞肉變得更硬**。雞肉不要泡在調味液裡面太久，在事前準備時先補充一部分會在油炸時喪失的水分，才能炸出多汁的炸雞。

當溫度加熱到50℃，肉的蛋白質就會開始變性，加熱至60～65℃，蛋白質就會收縮、凝固，簡單來說，就是煮熟的狀態。當溫度超過75℃後，導致食物中毒的細菌就會死絕，也就能安心食用。以高溫長時間油炸，雞肉會流失水分與變硬，改以低溫油炸才能炸出嫩度與保留肉汁。

切成一口大小的肉大概以**120℃的油炸4分鐘就會熟透**，但是麵衣會吃很多油，顏色也不漂亮。想要炸出酥脆的麵衣時可**炸兩次**。第二次油炸時，油溫以160℃為準，油炸時間則約1分鐘。油炸食品的烹調非常重視溫度控制，建議以溫度計控管，不要憑著直覺判斷，以免成品不佳。

材料：
20個量

去骨雞腿肉	2塊（1塊250g）

放在室溫15分鐘，每1塊切10等分（每個約25g）。若雞肉為300g，則可切成12等分。

水		4～6小匙
A	鹽	⅔小匙（2g）
	胡椒	少許
	酒	2小匙
	醬油	2大匙
	蒜泥	1小匙
	薑泥	2小匙

麵衣

	雞蛋	1顆
	水	3大匙
B	低筋麵粉	12大匙（108g）
	太白粉	4大匙（36g）

雞肉的事前處理

每1大塊需加2～3小匙的水。

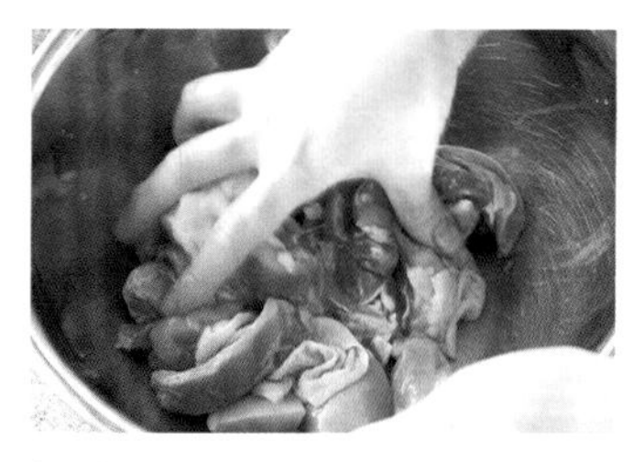

均勻抓揉1～2分鐘，直到讓水分滲入肉裡（水分被吸乾為止）。

作法：

1 將雞肉、材料A放入調理盆中仔細抓醃，再加入麵衣材料，攪拌至看不見粉類為止

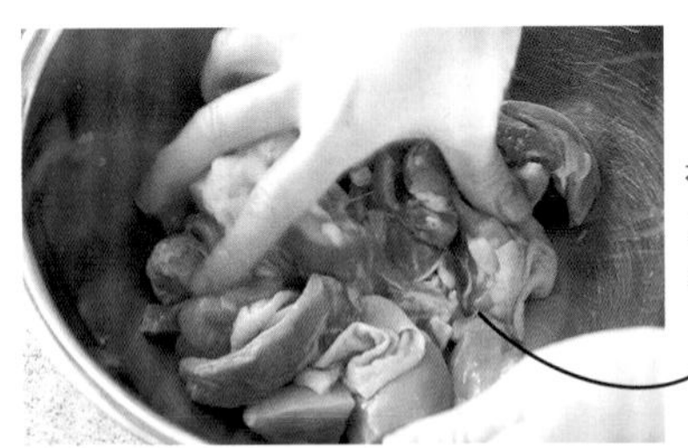

抓醃2分鐘直到調味料滲入肉裡

↓

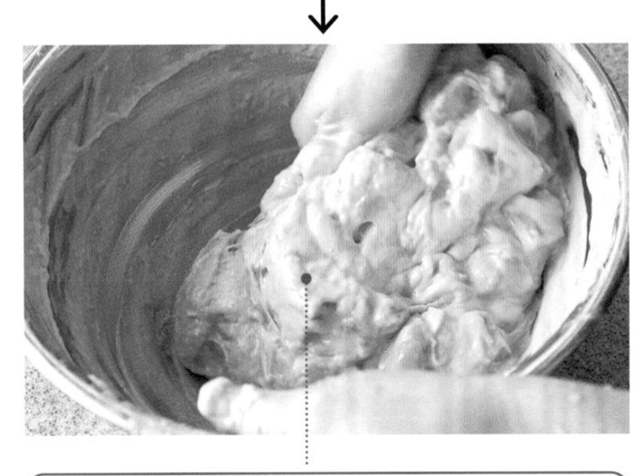

麵衣是粉類材料較多的濃稠配方。**在麵衣加蛋，蛋白質會在油炸的時候凝固與保護雞肉，讓雞肉慢慢變熟，且蛋會吸油，會讓麵衣的口感變得更柔軟。**

2 在鍋裡倒入大量炸油，加熱至120℃後，放入作法1，用小火炸4分鐘

油溫120℃⇒小火  保持120℃⇒4分鐘

油溫可利用料理溫度計來掌控

↓

炸油太少就很難控制油溫，建議倒入高度約5cm的油，而為了節省炸油，建議選用口徑較小、較深的油炸鍋。**每次放入鍋裡的雞肉量以不重疊為基準。**

營養均衡的副菜：**魚露醋拌香葉沙拉**（2人份）

具有獨特香氣與滋味的蔬菜沙拉，與油炸食物非常對味

1. 將⅓把香菜(20g)切成長5cm段，⅓把西洋芹刨除表皮粗纖維再斜切成薄片。將兩種材料分別泡水，創造清脆口感。
2. 瀝乾水分，盛入盤中。
3. 將1大匙橄欖油、½大匙醋、1小匙魚露調勻後，淋在作法**2**食材上。(堤)

3 將雞肉先撈出鍋外，靜置4分鐘

撈出鍋外的雞肉
可先放在濾油網上面濾油，
若放在廚房紙巾上，
反而會變得很油膩

與法式料理技法「reposer(休息)」的目的一樣，都是以靜置的手法讓加熱過的肉留住肉汁，而且**肉也會因為餘熱而熟透**。**靜置的時間與加熱時間一樣，都是4分鐘左右**。放超過4分鐘也沒關係，所以一次炸很多的時候，可先以低溫炸過一遍，才能有效率炸完所有雞肉。

4 將油溫拉高至160℃，放入作法3的雞肉炸1分鐘

 油溫160℃⇒中小火　溫度拉高至160℃⇒1分鐘

油溫拉高至160℃的時候，有可能會產生油爆，**請務必一邊用筷子攪拌，一邊讓油溫拉高**。油爆是水滴從熱油中噴出來的現象，攪拌可讓水滴變小與蒸發。

一邊用筷子
攪拌，
一邊拉高
油溫，
避免產生
油爆現象

↓

營養均衡的副菜：**高湯煮甜豆**（2人份）

這道料理含有豐富的維生素C，也可改用綠花椰菜或高麗菜芽烹調

1. 將100g甜豆的蒂頭及兩側粗纖維撕除。
2. 將2/3小匙西式高湯粉、1/2杯水倒入鍋中加熱煮滾後，放入甜豆，蓋上鍋蓋，用中火煮。
3. 甜豆煮熟後，撒點胡椒增味。（松本）

case study #017

炸薯條&蔬菜天婦羅

這兩種油炸蔬菜可當成孩子的零食、下酒菜及各種配菜使用，讓我們透過這道料理掌握炸物的基本祕訣吧！

擺盤 memo

趁熱時均勻撒上鹽。

炸薯條

材料：馬鈴薯2顆量

馬鈴薯	2顆

馬鈴薯連皮切成8等分月牙狀後，泡在水裡1～2分鐘，洗去外層的澱粉，再瀝乾水分備用。

炸油	適量

作法：

1 在鍋裡放入馬鈴薯，倒入淹過馬鈴薯高度的油，稍微攪拌後，用中火加熱

中火  油溫上升至160℃為止(約5分鐘)

油量要能**完全淹過馬鈴薯**，否則就無法均勻炸透。一開始要稍微攪拌一下，讓所有馬鈴薯的切面都接觸到油。

目標：讓美味更加升級

TO GO! **1** 炸成熟度均勻的薯條

TO GO! **2** 讓蔬菜天婦羅的麵衣變得酥脆

TO GO! **3** 炸得恰到好處

美味升級公式：

將馬鈴薯放進冷油後再加熱 ＋ **麵衣比例為麵粉4：太白粉3＋泡打粉＋粉類食材1.6～2倍的水** ＋ **以油炸時的泡泡狀態掌控起鍋的時間點**

炸薯條與水煮馬鈴薯一樣都不能在溫度變高後才放入。放入高溫油中，因溫度上升很快，表面會變軟，也會在熟透前就炸焦，所以炸薯條一定要**從冷油開始炸，概念有點像是由油泡熟**。如果希望炸出邊緣更酥脆的口感，可在炸4分鐘後，先拿出來，再放回去炸一遍。

麵衣若只以麵粉調成，就會因麩質而變黏，所以要將**部分麵粉換成沒有麩質的太白粉，另外還要再加點泡打粉來增加酥脆的口感**。水的份量約是粉類食材的1.6～2倍(液體量)，這個比例就是理想的炸蔬菜麵衣。

油炸時，食材中的水分會被蒸發，並吸入油脂。食材滲出的水分遇熱會蒸發成水蒸氣，造成油面出現泡泡。泡泡冒出來的速度變慢，食材浮到油面的現象是因為比重變輕。**油炸食物時，泡泡可說是掌握起鍋時機點**的訊號之一。

2 油溫上升至160℃後，轉弱火力，繼續炸4分鐘

小火～中小火　4分鐘

油面的泡泡是水蒸氣造成的。無法精準測量溫度時，不妨以**大量冒出泡泡之後，再炸4分鐘**為基準。

3 稍微轉強火候，繼續炸1分鐘。放在滴油網濾油

中火　1分鐘

泡泡變少後，代表馬鈴薯的水分已被油取代，比重也會變輕，所以會浮到油面。**最後可稍微拉高油溫，讓表面炸得更酥脆**。

材料：方便製作的份量

櫛瓜	½條
菇類（鴻喜菇、舞菇或其他）	⅓包

菇類切掉根部，再分切成小朵

櫛瓜切成厚7～8㎜的圓片

麵衣

A	低筋麵粉	20g
	太白粉	15g
	鹽	1小撮
	泡打粉	1g（¼小匙）
	拌勻	
B	蛋液	½顆份
	水	2～3大匙
	沙拉油	1小匙

炸油	適量

作法：

1 製作麵衣：將材料A放入調理盆中，用打蛋器混勻，在粉堆中間撥出凹洞，加入材料B，再慢慢攪拌

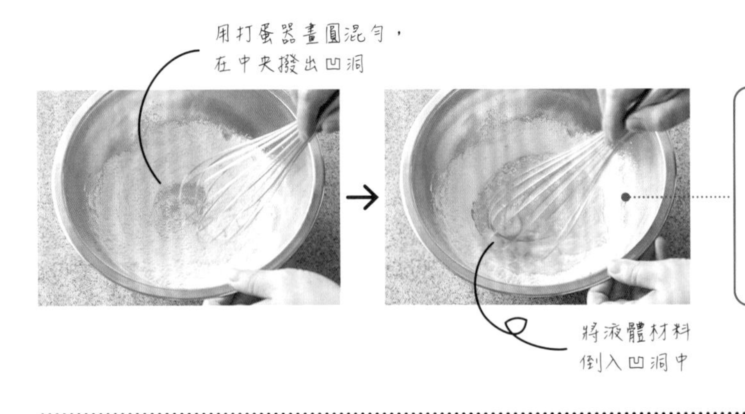

接著介紹麵衣不容易結塊的攪拌方法。**在粉類材料中央撥出凹洞，倒入液體材料後，從周圍一點一點將粉類材料往中央撥，慢慢地攪拌均勻即可。**

2 油溫拉高至160℃。在蔬菜表面裹一層薄麵衣，再放入油中炸1～2分鐘。撈出放在滴油網瀝油

中火　油溫至160℃為止⇒1～2分鐘

想要麵衣薄，**要把食材一個一個沾裹麵糊，沾裹時可立著放入麵糊中**，讓多餘的麵糊自然滑落後再放入炸油裡。要注意的是，放入食材後若攪拌，麵衣就會因為出筋而變黏，使成品不酥脆。

case study #018 **醋漬小黃瓜與海帶芽** ⇒ 學會萬能甜醋汁的製作方法

case study #019 **生菜沙拉** ⇒ 學會葉菜類的使用方法與保存方法

醋漬・沙拉

case study #018

醋漬小黃瓜與海帶芽

這是一道能攝取新鮮蔬菜的醋漬料理。醋具有消除疲勞與促進食慾的效果。

擺盤 memo

萬能甜醋汁要在吃之前再淋上去。可視個人口味淋上醬油或撒上柴魚片與白芝麻增加風味。

材料：2人份

小黃瓜	1條
海帶芽(乾)	2g

小黃瓜切成薄圓片

乾海帶芽泡水５分鐘，再瀝乾水分

萬能甜醋汁

醋	4小匙
砂糖	2小匙

作法：

1 將砂糖、醋倒入調理盆中，均勻攪拌至砂糖完全溶解

如果砂糖無法溶解，可倒入鍋中加熱。假使要一次製作大量的萬能甜醋汁，因為使用的砂糖量較多，此時就應該加熱溶解才是較有效率的方式。

目標：

讓美味
更加升級

TO GO! **1** 恰到好處的酸味

TO GO! **2** 不會水水的

TO GO! **3** 保留原本的翠綠色

美味升級
公式：

萬能甜醋汁比例為 2：1（醋：砂糖）＋**蔬菜要在揉鹽後涼拌**＋**在吃之前才淋上甜醋汁**

綜合醋（以醋為主，再拌入其他副食材）的配方有很多，這裡介紹的甜醋是**三杯醋（醋、醬油、味醂各１份）的變化版**，主要是用砂糖取代味醂。**砂糖的甜度是味醂的3倍**，所以醋２：砂糖１的比例會比三杯醋不酸。這個配方沒有使用醬油，因此不會讓食材變色，平常也能當成壽司醋使用。

將蔬菜加鹽搓揉是製作醋漬食品及涼拌菜的事前處理。撒鹽這個步驟會讓蔬菜因為滲透壓脫水，也具有保持調味液濃度與快速入味的效果。**撒鹽後，大概５分鐘左右，蔬菜就會快速釋出水分**，所以撒完鹽，過段時間再搓揉會更有效果。

小黃瓜這類**綠色蔬菜若長時間泡在酸性的醋裡，葉綠素這種色素就會產生化學變化，轉換成脫鎂葉綠素這種黃褐色色素，賣相也會變差**，所以這類醋漬食品絕對要在吃之前才淋上調味醋，這個道理同樣可應用在生菜沙拉。

2 **小黃瓜撒上⅖小匙的鹽**（2g、份量外）**後，靜置一會兒，再仔細抓醃**

鹽的份量約是蔬菜重量的1～2%。之後會用水清洗，也會瀝乾水分，所以只會出現淡淡的鹹味，不會變得死鹹。

3 **用水沖洗作法２材料，再徹底擠乾水分。和海帶芽一起盛入碗中**

盛盤後，可在一旁附上淋醬，也可另外加入一些小蕃茄、紫洋蔥配色。

擺盤 memo

case study #019

生菜沙拉

由於生菜沙拉是直接吃生鮮的蔬菜，所以能大量攝取不耐加熱的維生素C。
容易變質的蔬菜可參考P.76的方式保存。

材料：2人份

紅葉萵苣	2大片
皺葉萵苣	2大片

淋醬		
醋		2大匙
油（可使用橄欖油或其他油品）		4~6大匙
A	鹽	$\frac{1}{4}$小匙
	胡椒	少許
	蜂蜜	1小匙
	顆粒黃芥末醬	1小匙

作法：

1 製作淋醬：將醋、材料A放入調理盆中拌勻，一邊如拉出細絲般倒入橄欖油，一邊用打蛋器拌勻

鹽難溶入油，所以要先與醋拌勻再加油。若一口氣加入所有的油，很容易就會出現油水分離的現象，所以要慢慢加。將調理盆傾斜放在蓋著溼布的鍋子上，液體會集中於一側，也就比較容易攪拌。

目標：讓美味更加升級

TO GO! 1	TO GO! 2	TO GO! 3
增加葉菜類的清脆口感	水嫩不乾燥	讓淋醬均勻沾附

美味升級公式：

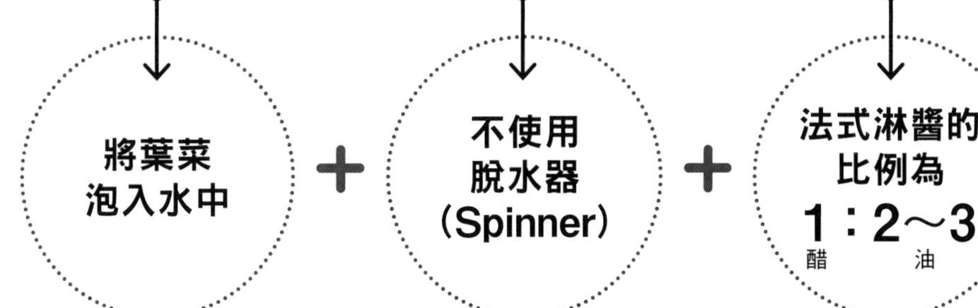

植物的細胞就像是在袋子(細胞壁)裡，有一堆裝了液體(細胞液)的氣球(液泡)，而蔬菜之所以會萎縮，是因為氣球裡面的水分減少，使得撐開袋子的力量變弱了。液體裡的許多成分都具有很高的濃度(滲透壓)。**當蔬菜泡在水裡，水將流入細胞，增加細胞內部的壓力，蔬菜的口感就會變清脆**。

製作沙拉時，往往會為了要將水分瀝乾而使用脫水器，但是蔬菜的表面也會變得乾燥，而且**撕成小片的蔬菜更會因為細胞被破壞而加速乾燥**。由於蔬菜會吸收表面的水分，建議要瀝乾水分時，讓撕小片的蔬菜立著擺放，就能讓蔬菜變得水嫩。

法式淋醬的配方有很多，但基本的配方為醋１：油２～３。**淋醬是醋(水)與油攪拌與乳化後的成品**，經過一段時間之後，水與油又會分離。**油的比例較高的淋醬比較穩定，比較不容易短時間就出現油水分離的現象**。使用之前重新攪拌與乳化，之後再淋在生菜上面較佳。

2 萵苣類的食材要泡在裝水的調理盆清洗，同時用手撕成小片

↓

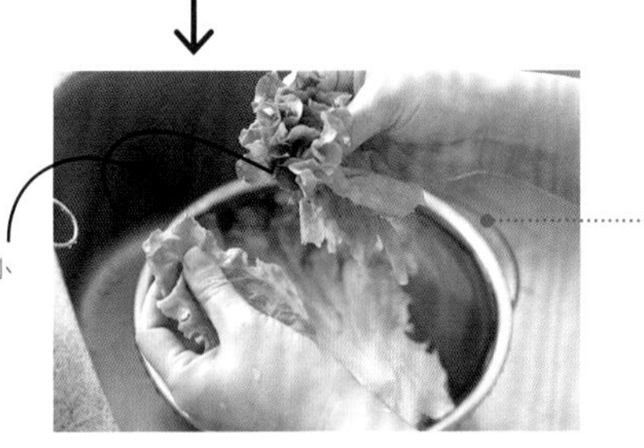

3 將萵苣立著放在濾網上，再放入加了水的調理盆中，讓萵苣泡水泡一陣子

生菜沙拉的萵苣要用手撕成小片，才能讓剖面變得粗糙，剖面的面積才會增加，也比較容易沾附淋醬。

讓葉菜類蔬菜保持新鮮的儲存方法

蔬菜或水果的水分都會從表面蒸發，尤其葉菜類蔬菜的蒸發更是快，所以鮮度也容易下滑。保持水嫩，避免乾燥是保存蔬菜的關鍵。蔬菜在收成後也會繼續呼吸，越呼吸，鮮度就越下降。呼吸量取決於溫度，放在冰箱低溫冷藏就能減少呼吸量。

適合這種保存方式的蔬菜：	保存期限：
紅葉萵苣、不結球萵苣、皺葉萵苣、沙拉菜、萵苣	1～2週內

技巧：

1 從葉子的中心部分沖水

將萵苣放在水龍頭下面徹底用流水沖洗是清洗時的重點。

2 倒過來甩4～5次，稍微瀝掉水分

讓蔬菜表面沾附適當水分也很重要，不需要完全瀝乾。

3 用乾的報紙將蔬菜完整包覆

報紙能吸收多餘的水分還能保溼，同時能避免冰箱的冷氣直接吹在蔬菜表面。

4 將作法3的蔬菜包在塑膠袋中，再封好塑膠袋

5 根部朝向冰箱的深處（更冷的位置）放入

報紙有點溼溼的是最理想的狀態。如果完全溼透可換張報紙，此時就需要再執行一次作法1～2的作業。

水煮・番外篇

case study #020

馬鈴薯沙拉

這裡要介紹的是口感綿滑，宛如西餐廳等級的馬鈴薯沙拉。
食材可視個人喜好來調配。

目標：讓美味更加升級

TO GO! **1** 提引出馬鈴薯原有的甜味

TO GO! **2** 綿滑口感

TO GO! **3** 均勻的調味

美味升級公式：

整顆連皮放入冷水中加熱煮熟 ＋ **趁熱壓成泥** ＋ **趁熱調味**

馬鈴薯的蔗糖會在加熱後增加，甜度也會上升，但如果切開後才水煮，有些成分就會流入水中。如果想要活用薯芋類食材的味道，**建議連皮整顆水煮，不過這種方式需多花一點時間**，而且要**在冷水的時候就放進水中**。這種慢慢加熱的方式可減少內外溫度的落差，馬鈴薯才能均勻熟透。

加熱後，黏著細胞的果膠會變軟，所以**趁熱將馬鈴薯壓成泥**，可讓組織以細胞單位分開，細胞內的澱粉也不會流出，馬鈴薯的口感也會變得**清爽綿滑**。降溫才壓成泥的話，馬鈴薯的組織會因果膠而不易壓爛，若硬是用力壓，細胞就會被壓破，澱粉也會跟著流出來，馬鈴薯泥的口感就會變得黏黏的。

馬鈴薯冷掉後就不容易入味。P.27也曾提到，加熱可讓食材脫水，內部的壓力會跟著下降，而失去的水分就由調味液取代。**煮熟的馬鈴薯要快點剝掉表皮與壓成泥**，然後趁早調味。冷掉之後，**美乃滋這類油分較高的調味料幾乎無法入味**。

材料：方便製作的份量、4人份

馬鈴薯（男爵、北光）	4顆（淨重400g）

馬鈴薯先清洗乾淨。

醋	2大匙
砂糖	1大匙
鹽	$^{2}/_{5}$小匙（2g）
美乃滋	60g（馬鈴薯淨重的15%）

紅蘿蔔	30g
小黃瓜	20g
洋蔥	20g
里肌火腿	1片
水煮蛋	1顆

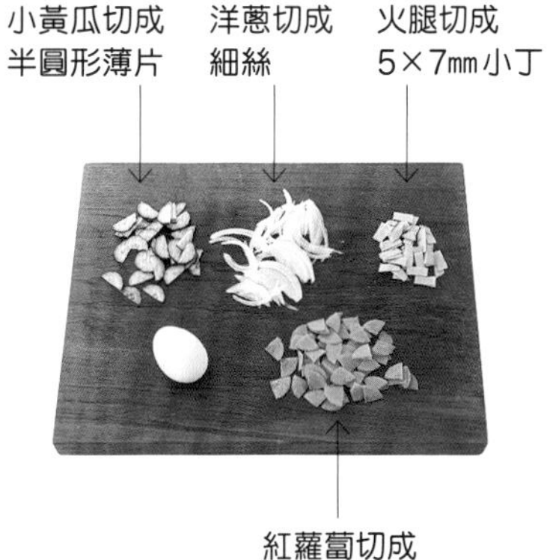

小黃瓜切成半圓形薄片

洋蔥切成細絲

火腿切成5×7㎜小丁

紅蘿蔔切成扇形薄片

作法：

1
將馬鈴薯、足量的水、2小匙鹽(份量外)放入鍋中，用大火煮滾後，轉成小火煮30分鐘

大火⇒小火　煮滾為止⇒30分鐘

水量為高出馬鈴薯2cm的程度

紅蘿蔔可放在小篩網裡，放在馬鈴薯上面水煮5分鐘，再撈出備用

2
用少許鹽(份量外)抓醃小黃瓜與洋蔥。沖洗表面後，瀝乾水分。水煮蛋切成細塊

水煮蛋可放在馬克杯裡，用刀子切成細塊

營養均衡的主菜：**湯豆腐**（2人份）

植物性蛋白質豐富，也容易消化，很適合在胃腸不適的時候食用

1. 將2小塊嫩豆腐切成方便入口的大小。20g水菜切成長7～8㎝段。
2. 將適量的昆布鋪在砂鍋底部，再倒入七分滿的水加熱。
3. 將豆腐放入作法**2**鍋中，煮到豆腐浮起來後，放入水菜。
4. 分盛在不同的容器裡，再搭配適量的酸橘醋醬油、蘿蔔泥和蔥花。(松本)

3 將醋、砂糖、鹽放入調理盆，將煮熟的馬鈴薯趁熱去皮與壓成泥

用毛巾
拿住馬鈴薯，
再用鑷子
輔助去皮
就不會燙手

↓

若竹籤或筷子可輕鬆刺入，代表馬鈴薯已經煮到熟透。放在篩網上瀝乾水分後，立刻去皮，再放到加了醋、砂糖與鹽的調理盆中搗成泥。可透過搗泥的程度決定最後想要的口感。

4 均勻拌入美乃滋，再拌入紅蘿蔔、小黃瓜、洋蔥、水煮蛋與火腿

馬鈴薯沙拉的基本味道為醋與美乃滋組合而成的酸味，所以**鹽分濃度要控制在略低的0.85%**。醋的味道若是明顯，鹽的用量就可跟著減少，因此馬鈴薯沙拉也是一道很理想的減鹽料理。

↓

營養均衡的主菜：**油炸杏仁鮭魚**（2人份）

馬鈴薯沙拉可當成這道主菜的配菜使用，也是絕佳的便當菜組合

1. 將2片鮭魚切成一口大小，再以1大匙白酒、½小匙鹽、適量胡椒醃漬。
2. 將50g杏仁片用手捏碎。
3. 將作法**1**的鮭魚沾上蛋白液，均勻裹上作法**2**，放入預熱至160℃的油鍋裡炸3分鐘，炸至酥脆為止。
4. 盛盤後，搭配適量的嫩葉生菜和蒔蘿即可。（堤）

case study #021

涼拌菠菜

透過這道涼拌菜學會菠菜等的葉菜類蔬菜的汆燙方法。燙出鮮翠的顏色，就等於預防維生素C流失。

擺盤 memo

切成方便入口的大小後再盛盤，撒上柴魚片並淋上醬油。

材料：2人份

菠菜	200g

柴魚片	適量
醬油	適量

菠菜的事前準備

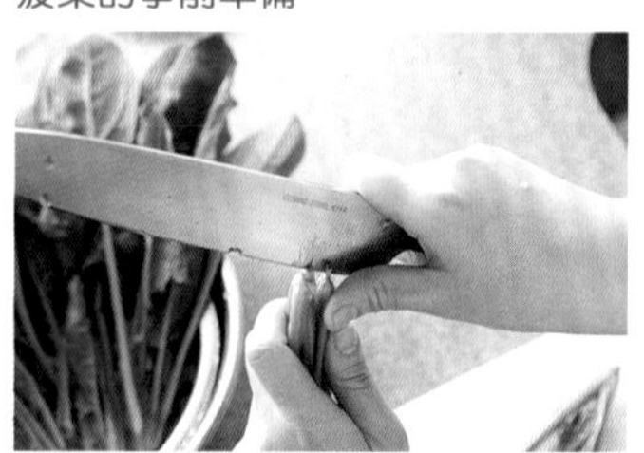

在菠菜根部劃出十字刀痕。

讓根部泡在水裡15分鐘。

和處理插花的花材一樣，菠菜在泡水處理的同時，也可將卡在根部的泥土清理掉。

目標：

TO GO!

1

讓美味
更加升級

翠綠色與恰到好處的口感

美味升級
公式：

以大量煮沸的熱水短時間燙熟 ＋ **汆燙時不蓋鍋蓋** ＋ **立刻放入水中降溫**

菠菜或其他蔬菜的綠色都是源自葉綠素，而葉綠素一旦**長時間加熱，就會產生化學變化，轉換成黃褐色的色素**，料理的賣相也會變糟，所以綠色蔬菜的加熱一定要在短時間內完成。為了避免熱水在放入食材之後降溫，熱水的量要夠多，而且要在煮滾之後才放入食材。

葉綠素會因為酸而褪成黃褐色。汆燙時，草酸這類有機酸會溶於水中，而大量的熱水可降低酸性。此外，有機酸屬於揮發性物質，**汆燙時不蓋鍋蓋，可讓有機酸隨著水蒸氣揮發出去**。若蓋著鍋蓋，草酸就會隨著水滴滴回鍋中。

燙熟後，立刻降溫可避免褪色。以菠菜而言，可泡入冷水迅速降溫。泡入水中也可將附著於表面的浮沫洗掉。不過要注意的是浸泡時間不要過久，否則維生素C這類水溶性成分也會跟著流失。

作法：

1 煮一鍋足量的熱水，將菠菜從根部放入鍋中，等再次滾沸，不蓋鍋蓋汆燙1分鐘

大火　1分鐘

盡可能選用大一點的鍋子，水量約是菠菜重量的5～10倍。１把菠菜(約200g)最少需要1ℓ的水。**鹽分濃度若沒有超過2%以上的話，其實並無法產生穩定葉綠素的效果**，所以放不放鹽都無所謂。

2 取出後立刻放入裝滿冷水的調理盆中，以流水沖洗降溫。再用篩網瀝乾水分

醬油這類調味料的pH值約為4.5，屬於酸性物質，所以日式涼拌菜要在吃前才淋醬油。

case study #022

鹽煮綠花椰菜

利用綠花椰菜學會汆燙蔬菜的基本技巧。甜豆、四季豆也可利用同樣的技巧煮得美味。

材料：2人份

綠花椰菜	1棵（淨重200g）

綠花椰菜切成小朵

鹽	水的0.5～1%

作法：

1 將水與鹽放入鍋中加熱

大火 煮滾為止

水量約是綠花椰菜重量的5～10倍。鹽是水的0.5～1%，所以1ℓ的水約需5～10g（1～2小匙）的鹽。綠花椰菜通常會單吃，所以調成淡淡的鹹味會比較好吃。

目標：

讓美味
更加升級

TO GO! **1** 保持鮮豔

TO GO! **2** 不會水水的

美味升級
公式：

用滾沸熱水短時間不蓋鍋蓋燙熟 ＋ **靜置放涼時不需泡入水中**

要避免綠色色素葉綠素產生化學變化而褪色，就要在不蓋鍋蓋的狀態下，用滾沸熱水短時間燙熟。一如P.82～83的說明，在此要補充的是，蔬菜放入熱水後，之所以會暫時呈現鮮綠色，是因葉綠素酶這種酵素。**當水轉變成鮮綠色也是提醒我們該將菜撈出來的訊號**。

避免綠花椰菜在加熱後處於高溫狀態，也是避免褪色的祕訣之一，不過，**綠花椰菜泡在水裡，這道菜就會變得水水的**，所以撈出來放涼時，絕對不要泡在水裡，而是改以電風扇或圓扇搧涼。

2 水煮滾後，放入綠花椰菜煮 2分鐘～2分30秒

大火　2分鐘～2分30秒

綠花椰菜放入鍋中的量以不會疊在一起為基準。竹籤可輕鬆刺穿綠花椰菜的莖部，代表已經燙熟。

3 撈出鍋外後，立刻放涼。可利用電風扇吹涼，或是利用圓扇搧涼

若用篩網撈取，溶有有機酸的湯汁就會沾附在蔬菜表面，所以用筷子夾取在盤子裡比較好。若希望迅速降溫，建議使用電風扇吹涼，多餘的水分會揮發，就能避免這道菜變得水水的。

case study #023

水煮棒棒雞

這道食譜中介紹讓雞肉更美味的煮法。這裡用雞胸肉示範，改成去骨雞腿肉也可以。另外，這也是中式料理中常見的前菜。

擺盤memo

將雞肉切成細絲(直接用手撕成條狀也可以)，再和蕃茄、小黃瓜一起盛盤。

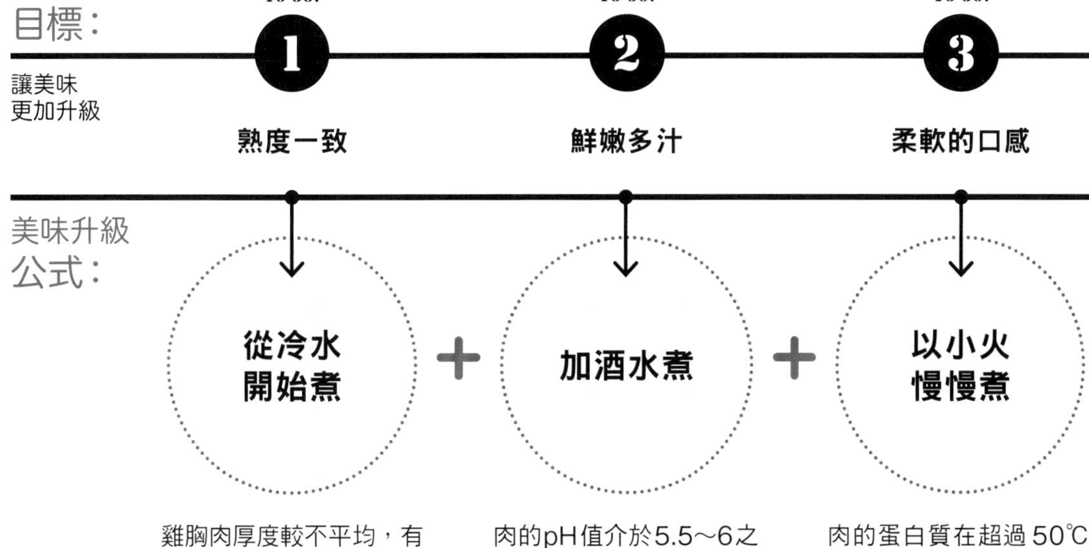

雞胸肉厚度較不平均，有些部分會比較厚一點，必須得多花一點時間才能煮熟。**如果先煮滾熱水才放入雞胸肉的話，食材內外的溫度就會出現落差，煮不透的機率就會變大**，而且外側的溫度若過高，恐怕內部還沒煮透，外側的肉就已經變得乾柴，連帶口感也變差。

肉的pH值介於5.5～6之間，若放在pH值較低的湯汁裡，**纖維之間就會產生吸收水分的空間，也就能留住水分**。如果水煮雞肉時，可加點pH值為4.2的酒（例如日本酒），就能提高肉的保水度，讓肉變得更多汁，連帶還能去除腥味。

肉的蛋白質在超過50℃後就會開始產生質變，超過65℃後，連接纖維的膠原蛋白會收縮成原本的⅓長度，**超過75℃後，食物中毒元凶的細菌都會滅絕**。為了避免蛋白質突然收縮，請以小火慢慢煮到90℃，絕對嚴禁直接將雞肉放入滾水中煮。

材料：
2人份

材料	份量
雞胸肉	1塊

材料	份量
水	400mℓ
酒	100mℓ
長蔥（蔥綠）	10cm段
生薑（薄片）	1小塊份
鹽	1小匙（5g）

材料	份量
蕃茄	½顆
小黃瓜	½條

材料	份量
市售中式淋醬（依喜好）	適量

作法：

1 雞肉片開切成均勻的厚度

處理雞胸肉時，要先切掉脂肪與筋(皮可選擇是否去除)，接著讓菜刀平躺，往較厚的部分切進去(不要完全切斷，也就是蝴蝶刀的切法)，接著從切口攤平雞肉，讓整片雞肉的厚度變得大致相同。

2 將雞肉、份量的水、酒、蔥綠、薑片放入鍋中以中火加熱。煮沸後，撈除浮沫

中火　煮沸為止⇒1分鐘(撈除浮沫)

直徑18～20cm的鍋子的大小，剛好能裝入一塊雞肉及其需要的水和酒的份量。

↓

以原本的火候加熱，同時快速撈除浮沫

營養均衡的副菜：**海帶芽蔥湯**(1人份)

使用膳食纖維與礦物質都很豐富的海藻當食材

1. 將2g乾海帶芽泡水發脹後剪成小段。將3cm段的長蔥斜切成薄片。
2. 將¾杯水、少許中式高湯粉放入鍋中加熱至沸騰，再加入作法**1**的食材。煮滾後關火，以少許胡椒調味。
3. 盛入碗中，再撒點熟白芝麻添香。(松本)

3 調整成稍微沸騰的火候，不時撈除浮沫，不蓋鍋蓋煮10分鐘。

小火～中小火　10分鐘

湯汁的溫度以90℃為標準，**如果水位降至雞肉露出湯面的程度請記得補水**。煮的時候不要蓋上鍋蓋，才能讓雞肉的腥味揮發掉。

4 煮好後，肉的中心溫度約75℃。泡在湯汁裡放涼

關火　等待餘溫退去

↓

水煮雞肉是很常見的家庭常備菜，**如果中心溫度能煮到能消滅所有細菌的75℃**，食品衛生就安全無虞。請讓雞肉泡在湯汁裡降溫，以免雞肉乾柴。冷藏時，要換到乾淨的保鮮容器裡，再放入冰箱，大約可保存3天。

營養均衡的副菜：**魩仔魚蘿蔔泥**（2人份）

補充鈣質的一道副菜，魩仔魚乾則是推薦的常備食材

1. 將1大匙魩仔魚乾倒入篩網，均勻淋上熱水降低鹽分再瀝乾水分備用。
2. 將3㎝長的白蘿蔔去皮，磨成泥，再放在網目細的篩網輕輕壓掉水分。
3. 將作法**2**的食材盛入碗中，鋪上作法**1**的食材，再淋上½小匙醬油。（松本）

case study #024

焗烤通心粉

用奶油炒麵粉製作白醬是難度較高的挑戰，
所以這裡要介紹初學者也不會失敗，誰都能快速學會的方法。

目標：

讓美味更加升級

TO GO! **1** 不結塊的白醬

TO GO! **2** 質地綿滑的白醬

TO GO! **3** 調出適合焗烤的白醬濃度

美味升級公式：

用奶油拌炒食材後，再於表面撒粉的方法 ＋ **加牛奶時，要記得先關火** ＋ **適合焗烤的白醬比例為 1：20**（麵粉：牛奶）

製作白醬的方法之一就是先用奶油拌炒食材，在炒的過程中撒入麵粉。**此時麵粉就會被奶油吸附，以顆粒狀的形態附著在食材表面，隨著翻炒再擴散至整個鍋中**。在此時倒入牛奶調開麵粉的話，麵粉就不會結塊，也能更有效率地勾芡，當然也就不容易失敗了。

麵粉的澱粉會在吸收水分與溫度升高後糊化，白醬也會因此變得濃稠。**麵粉大概在60℃就會糊化，到了約90℃後，黏度會變得最強**。所以加牛奶＝勾芡時，要先關火，然後倒入冷的牛奶，讓鍋裡的溫度降至60℃左右。

白醬的濃度由牛奶與麵粉的比例決定，可視不同的料理，像是濃湯、焗烤或奶油可樂餅來調整。**適合焗烤的濃度為麵粉1：牛奶20**。這種比例的白醬可均勻裹在食材表面，也能煮出用湯匙舀取時會緩慢落下的稠度。

材料：

2人份

材料	份量
雞腿肉	150g
鹽、胡椒	各少許
洋蔥	100g
奶油	20g
低筋麵粉	20g
牛奶	400mℓ
水	80mℓ
西式高湯粉	1小匙
通心粉（快熟類型）	50g
披薩用起司絲	100g
麵包粉	4大匙

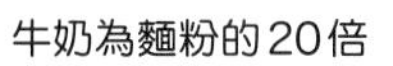

雞肉切成小一點的一口大小

洋蔥切成薄片

作法：

1 平底鍋中放入奶油燒融，放入洋蔥炒3分鐘，再加入雞肉炒15秒，最後加入麵粉炒30秒

中火　融化奶油⇒3分鐘⇒15秒⇒30秒

↓

由於要用同一個鍋子製作白醬與煮熟通心粉，所以建議使用直徑24cm、深度較深的平底鍋。**將麵粉撒在食材上的目的是為了讓麵粉在鍋中均勻分散**。撒入麵粉後，拌炒讓麵粉沾附在全部食材表面。

2 關火，分2次倒入牛奶，每倒一次，都需均勻攪拌1～2分鐘

關火

麵粉若沒有完全調開就會結塊，所以**為了方便攪拌，也為了用牛奶調開麵粉，不要一次倒入所有牛奶**。要注意的是，若是過度攪拌，麵粉的澱粉就會出現筋性，所以牛奶分2次倒入會比較適當。

↓

營養均衡的副菜：**涼拌鴨兒芹**（2人份）

也可改用菠菜或山茼蒿。芝麻油也可改成橄欖油

1. 將1把帶根的鴨兒芹(150g)切成長4cm段，放入加了鹽的熱水中汆燙至變色。取出後放入冷水中降溫，撈出瀝乾水分。
2. 將各2小匙芝麻油和醬油、⅓小匙鹽、少許胡椒與白蘿蔔泥混勻，和鴨兒芹拌勻。
3. 盛盤後，撒上白芝麻粉增添香氣。(堤)

3 加入水、通心粉(未煮熟)、高湯粉加熱，一邊攪拌一邊煮至沸騰，再轉中火煮2分鐘

大火⇒中火　煮沸⇒2分鐘

白醬將要煮得濃稠之際，加進通心粉一起煮。一同加入的水是煮通心粉用。溫度上升時，白醬就會變濃，所以要不時攪拌。煮滾後，稍微再多煮一下，將麵粉的生味煮掉。**麵粉的澱粉糊化作用會在90℃達到顛峰，但同時也有不易使黏性崩解的性質，所以多煮一下也不會有問題。**

4 裝入耐熱盤，鋪上起司絲再放入烤箱烘烤。從烤箱取出，撒上麵包粉，再烤至金黃色為止

放入小烤箱大火烘烤　鋪上起司絲後烤5分鐘⇒撒上麵包粉後烤3分鐘

營養均衡的副菜：**蕃茄沙拉**(2人份)

抗氧化成分非常豐富，還含有蕃茄的茄紅素與紅蘿蔔的β-胡蘿蔔素

1. 將90g的紅蘿蔔磨成泥，再與各1大匙的醋、蜂蜜(或砂糖)、醬油及3大匙的橄欖油拌勻。
2. 將1顆大蕃茄切成圓片，盛盤後，鋪上作法1，再撒上巴西里末。(前田)

case study #025

培根蛋汁義大利麵

介紹初學者也絕對不會失敗的超人氣義大利麵料理。

擺盤 memo

最後撒上現磨的粗黑胡椒來增添香氣。

材料：2人份

義大利麵（使用直徑1.6mm、水煮時間11分鐘的直麵）	100g
水	400mℓ

培根（長條）	1～2片
蒜頭	½瓣

培根切成寬2cm片
蒜頭切成薄片

蛋黃、鮮奶油、起司粉、鹽一起混拌均勻。

A		
	蛋黃	1顆份
	鮮奶油	50mℓ
	起司粉	1大匙（約6g）
	鹽	2g

拌勻

橄欖油	1小匙
粗粒黑胡椒	適量

作法：

1 平底鍋中倒入橄欖油，放入蒜頭、培根，用小火爆香後取出

小火　1～2分鐘

蒜頭與培根要從冷油開始，以小火慢慢爆香，**才能讓香氣成分滲入油裡**。培根煎得香脆後，可先挑出來放在盤子，最後再倒回鍋中，保留完整的味道與口感。

目標：

讓美味
更加升級

TO GO! **1** 口感綿滑不分離

TO GO! **2** 決定鹹度

TO GO! **3** 簡單就能煮好，要洗的器具也變少

美味升級
公式：

蛋汁在關火後再加 ＋ **煮義大利麵時不要加鹽** ＋ **一個鍋子就能煮好的義大利麵**

為了利用蛋黃營造濃郁的口感，**要讓蛋黃保持在開始凝固的65℃以上，以及開始變硬的75℃以下這個溫度帶**，因此要先關火降溫後再倒入蛋汁，利用餘熱催熟蛋汁。如果溫度太低，可稍微加熱一下再立刻關火。

煮義大利麵通常是用1～2%（2ℓ水放20～40g鹽）的鹽水，因為這可強化麩質的韌性，讓麵變得更有彈性。但現在的製麵技術已有很大進步，**就算不放鹽，依舊能煮出彈性十足的口感**。假使會用到煮麵水的話就不要放鹽，**否則整道麵都會跟著變鹹**。

義大利麵通常會以大量的熱水煮，再用篩網撈起來並與醬汁拌勻。但這次製作的奶油風味比較不需要講究麵的彈性，所以醬汁與麵條都使用同一個鍋子來煮即可。為了能以少量的水煮熟義大利麵，**建議先將義大利麵對折成一半，再放入鍋中**。

2 倒入水，用大火煮滾，放入對折一半的義大利麵，依包裝指示時間煮熟

大火⇒中火　煮至沸騰⇒包裝指示時間

煮麵時，記得偶爾要攪拌一下。水量若是不夠，可視情況追加2～4大匙水。

3 關火後，倒入混勻的材料A、作法1的培根拌勻，用餘熱煮熟

關火

豆皮高麗菜沙拉（2人份）

新鮮的生高麗菜
含有許多有利胃部的酵素

1. 豆皮用熱水燙掉多餘油脂後切成細條狀，放入平底鍋，用中火煎3分鐘，直到表面變得酥脆為止。
2. 將200g高麗菜切成絲，泡水增加清脆口感，再用篩網瀝乾水分。
3. 將作法**2**倒入調理盆中，加入適量的山椒粉、豆皮快速混勻。
4. 盛盤後，淋上調勻的1大匙橄欖油、½大匙薄口醬油與½大匙白酒醋。（堤）

味噌美乃滋彩椒沙拉（2人份）

在眾多蔬菜中，青椒的維生素C含量
可說是頂尖的

1. 將1顆青椒、1顆紅甜椒分別切除蒂頭、種籽後，再直切成細條。撒鹽靜置變軟後，放入熱水中快速汆燙，再撈出瀝乾水分。
2. 切掉30g的金針菇的根部，再切成兩半，放入熱水中快速汆燙。
3. 將½小匙麥味噌（或一般味噌）、1小匙美乃滋、少許醬油、少許黃芥末醬混勻，食用前，再和作法**1**、**2**的食材一起拌勻。（松本）

炙燒鮭魚佐芥末美乃滋醬（1人份）

鮭魚只會炙燒成半熟狀態，
所以務必挑選新鮮的

1. 在150g的新鮮鮭魚片表面（生魚片等級）撒上⅓小匙鹽與適量胡椒醃漬。
2. 平底鍋中放入1小匙橄欖油燒熱，再放入作法**1**的鮭魚，用大火煎至兩面變色，取出後放在廚房紙巾上吸油，再切成厚1cm片狀。
3. 盛盤後，淋上以2大匙美乃滋、2小匙黃芥末醬、1小匙白酒醋、1枝蒔蘿（切末）調成的醬汁。（堤）

7

學會就能提升技巧

料理的基礎

除了介紹材料的切法與測量方法，也介紹菜單的設計方式。由於成品的品質取決於切法與測量方法，請大家務必細讀這部分的說明。

學會就能提升技巧・料理的基礎 ①

食材的切法

這裡將介紹常見於食譜的切法，許多都有獨特的稱呼，務必連同切法的名稱一併記住。

一口大小

切成邊長為3cm，方便入口的大小。

以馬鈴薯為例

→

去皮後，切掉發芽的部分再切成兩半，然後切成邊長約3cm的大小。以中型馬鈴薯而言，大概就是切成6等分。

滾刀塊

這是將食材切成一口大小且呈五面形的切法。這種切法比切成一口大小更能增加表面積，也更容易煮到入味。

以紅蘿蔔為例

→

先從邊緣開始斜切，切出一口大小的體積後，再從切口的正中央斜切，切出同等體積的食材。

圓片

希望將食材切成圓片時，
可從邊緣垂直入刀，切出圓形的切口。

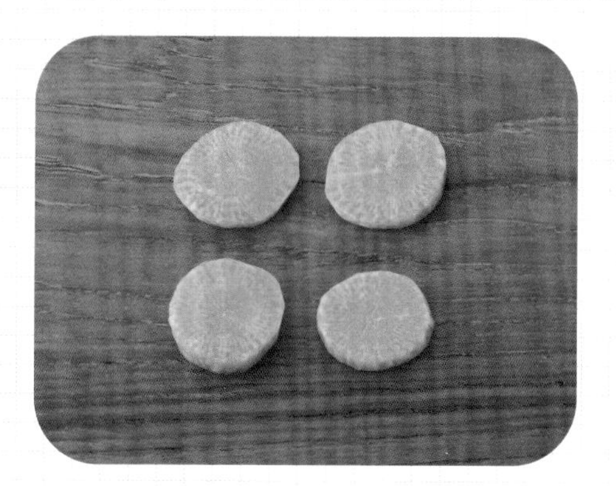

以紅蘿蔔為例

→

削除外皮、切除蒂頭後，以一定的間距，從邊緣垂直下刀，切成圓片。若以斜刀切開，就能切出斜圓片。

半月形片

這是將圓片切成半圓形的切法。先將切口呈圓形的食材剖成兩半，再從邊緣下刀。此時切口將是半圓形，
看起來就像是一半的月亮，所以也稱為半月形。

以紅蘿蔔為例

→

削除外皮、剖成兩半後，讓切口朝下，再以一定的間距從邊緣切出一片片半圓形。

扇形片

這是將半圓形的食材切成兩半的切法。
先垂直將食材剖成四等分，再從邊緣下刀。
由於切口呈扇形，所以稱為扇形片。

以紅蘿蔔為例

→

削除外皮後，垂直剖成兩半，接著再垂直剖成兩半。讓切口朝下，再從邊緣以一定的間距切出一片片扇形。

細絲

這是均勻切成細絲（粗細小於3mm）的切法。
若是切得太粗，就會變成細條。

以長蔥為例

↓

1. 先將長蔥切成長4cm段，再垂直下刀，挑除中間的芯。

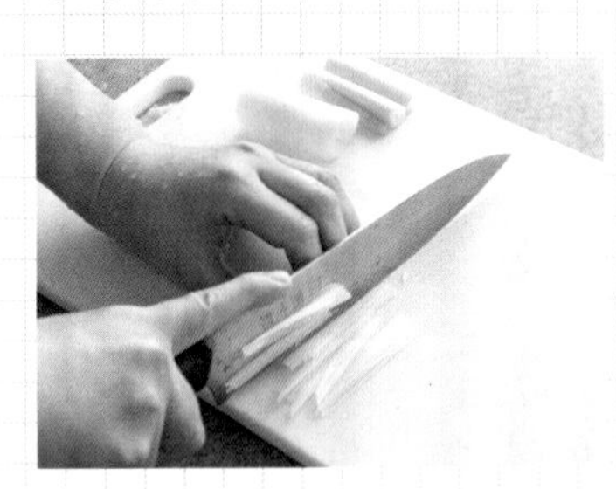

2. 只讓外側重疊，再順紋切成粗細小於3mm的細絲。

3. 泡水可增加清脆口感，原本直挺挺的蔥會捲起來，嗆味會溶入水中，口感會變得更好。

以紅蘿蔔或類似食材為例

↓

1. 削除外皮後，切成長4～5cm段。

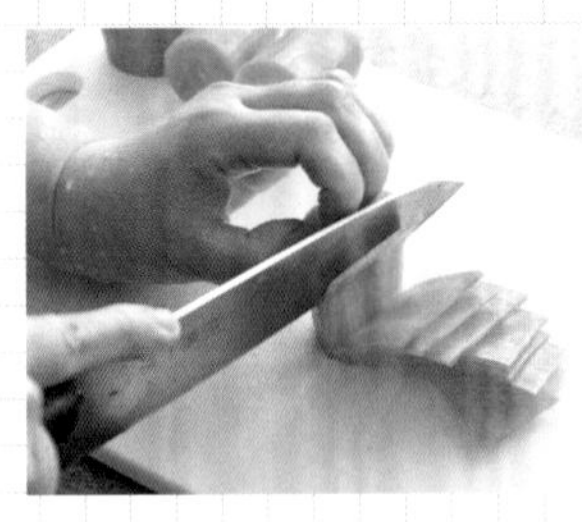

2. 切成厚1～2mm的片狀，再讓切口朝下，才能穩定地切成細絲。

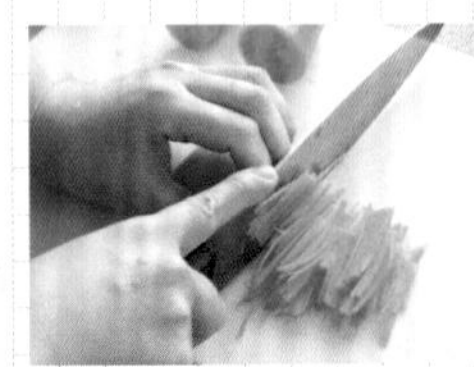

3. 如照片所示，讓片狀的食材以稍微錯開的方式水平排好，再從邊緣下刀切成寬度小於3mm的細絲。

切末

這是將材料切成末的方法，
若切得粗一點，就會變成切丁。

以長蔥為例

注意！

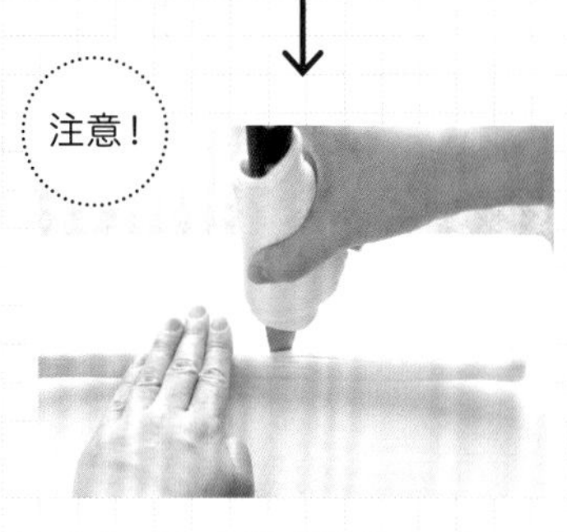

1. 先用菜刀（餐刀或水果刀這種小型的菜刀比較好切）的刀尖垂直戳出細孔。請務必以棉布或毛巾包住菜刀的刀刃，拿得短短的再戳洞。

2. 從邊緣慢慢切成細末。

以巴西里為例

1. 莖部朝上將巴西里泡入裝滿水的調理盆中，稍微甩洗一下，抖掉藏在葉子縫隙的泥土。

2. 摘下葉子，用手握成小圓球（否則不容易切成末），再從邊緣開始切成細末。

3. 若想切得更細，可按住刀背前端，左右兩手交替用力搖動。

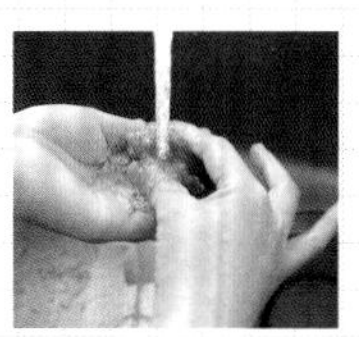

4. 將巴西里包在廚房紙巾裡，連同紙巾放在水龍頭下沖洗，去除巴西里的澀味。

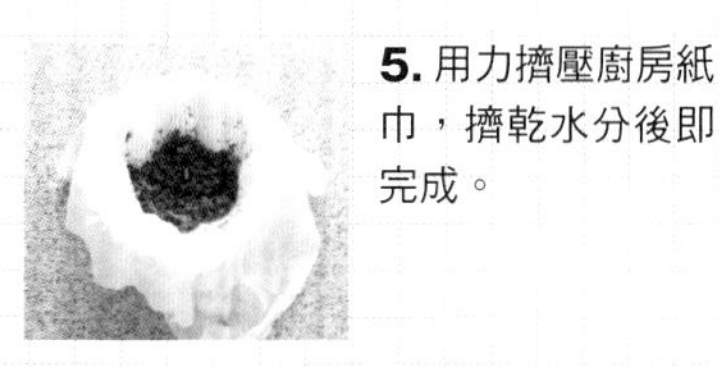

5. 用力擠壓廚房紙巾，擠乾水分後即完成。

＊在保鮮盒鋪一層廚房紙巾，放入巴西里末，蓋上蓋子，放入冰箱冷藏，就能維持巴西里末的乾爽。

以洋蔥為例

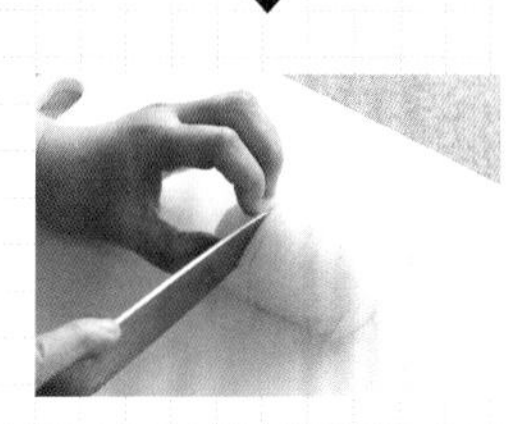

1. 直剖成兩半後，切口朝下，順紋切出細條，但不要切斷根部。切口越多，能切越細。

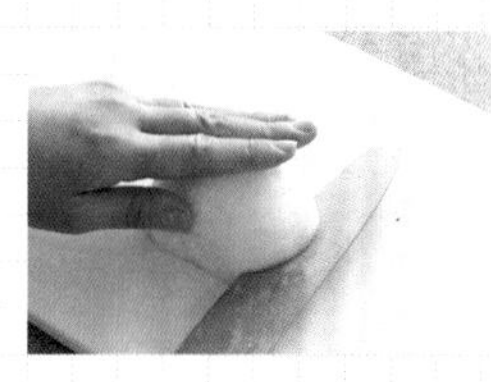

2. 讓洋蔥轉90度，再讓菜刀平躺，從水平方向切出2～3道切口。

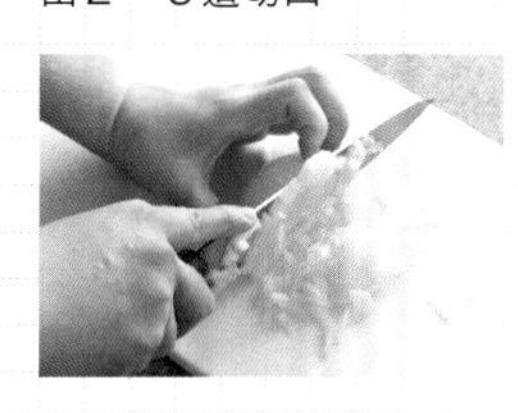

3. 從邊緣開始切成末。

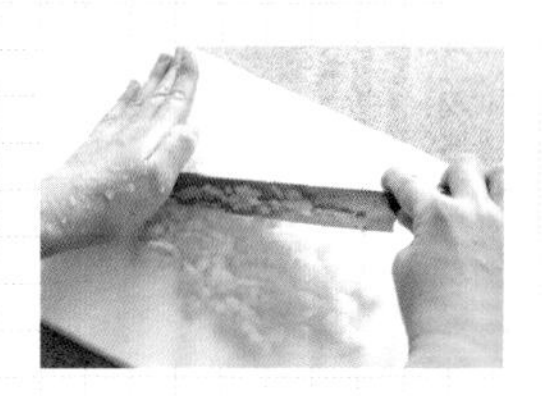

4. 若希望切得更細，可按住菜刀刀背前端，左右交替搖動菜刀。

學會就能提升技巧・料理的基礎 ②

調味料的測量方法

調味料的測量方法分成秤容量與秤重量兩種。食譜書通常以量匙的容量為秤量基準，而量匙通常分成大匙(15mℓ)與小匙(5mℓ)兩種。來學會正確使用量匙的方法吧！

＊以容量秤量調味料的重量時，請參考P.110介紹的「調味料的容量與重量的換算表」。

以量匙正確秤量「1匙」

秤量鹽、砂糖或粉狀調味料時

1 先用量匙舀起1大匙鹽或糖，再以扁平的物體(例如量匙握柄、餐刀)從量匙的邊緣刮平表面。

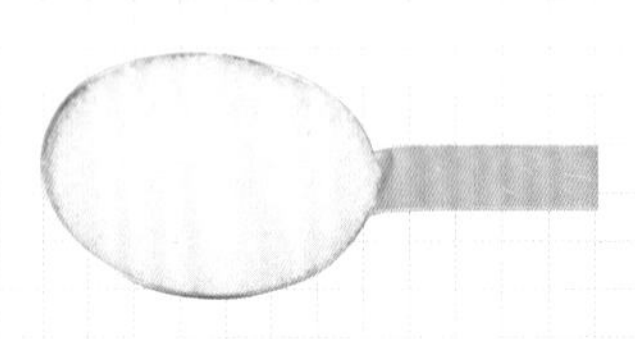

2 讓食材與量匙的邊緣切齊。這就是1匙的量。

秤量醬油或油這類液狀調味料時

「1匙」就是滿到快要溢出來的狀態。

以量匙秤量1/2匙

照片左側的是½匙的鹽、右側是½匙的醬油。液面的高度為⅔匙的時候，才是「½匙」的量。最近出現了刻有½匙刻度的量匙，也有½大匙、½小匙的量匙，讓調味料的秤量變得更加簡單。

秤量少許鹽的方法

食譜常出現「少許」、「1小撮」這類希望調味料份量低於½匙的情況，此時若能學會抓起1小撮鹽的方法，就能正確秤出需要的份量。不過，每個人的手感都不一樣，請先確認味道，再以電子秤正確秤量自己的「少許」或「1小撮」到底是多少重量。

沒有量杯與量匙的時候，可利用家中現有的物品代替！

寶特瓶可代替量杯，寶特瓶的蓋子可代替量匙使用。寶特瓶是制式規格，容量不會有明顯的落差，所以秤量時，幾乎不會出現誤差。若手邊沒有量杯與量匙，不妨以寶特瓶應急一下。

以寶特瓶（500mℓ）代替時

寶特瓶的形狀各有不同，但大致上還是有固定的標準。

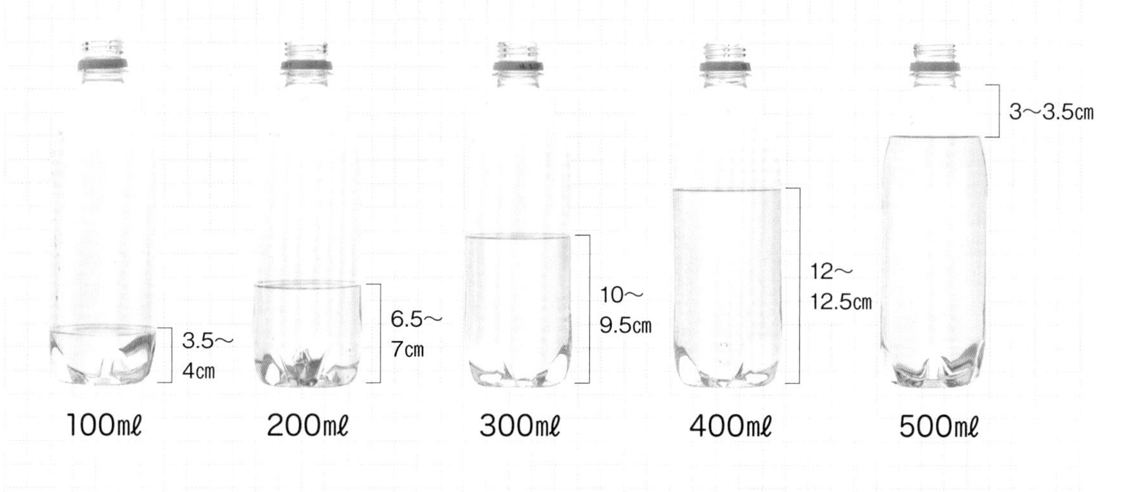

以寶特瓶瓶蓋代替時

瓶蓋的容量約7.5mℓ，相當於½大匙的容量。

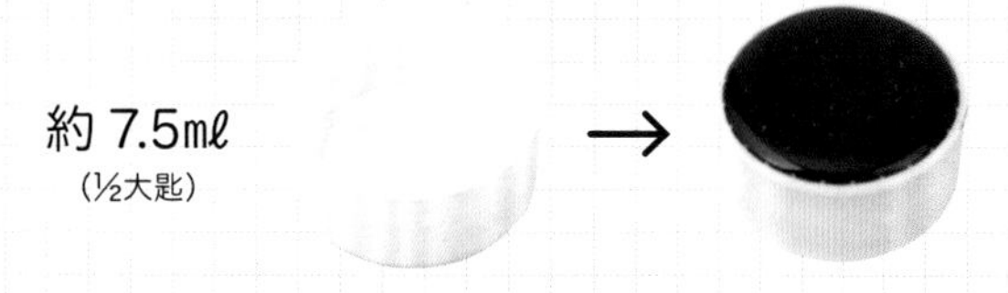

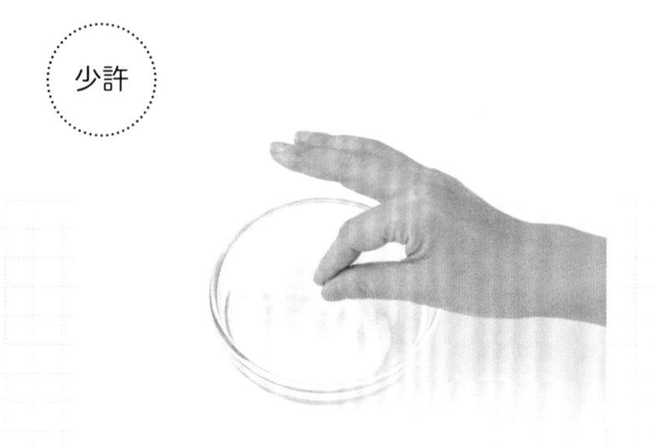

以拇指與食指抓起的量，以鹽來說，大概是0.5g左右。

以拇指、食指、中指抓起的量。以鹽來說，大概是0.7～1g左右。

學會就能提升技巧・料理的基礎 ③

菜色的設計方法

學會烹調的技巧後，接下來讓我們應用這些技巧設計菜色。雖然設計菜色給人很難的印象，但要設計出營養均衡的菜色其實比想像中簡單。

【主食】

白飯、麵包、麵條等穀類及其製品，可攝取碳水化合物。

【副菜】

蔬菜、菇類、海藻這類食材可煮成沙拉、燙青菜、燉菜或湯品，從中可攝取維生素C、礦物質與膳食纖維等營養成分。

【主菜】 主要的菜色，通常會是肉、魚、雞蛋這類份量與口感十足的食材，從中可攝取蛋白質、維生素與礦物質等營養成分。

以三角形設計菜色，就能設計出營養、外觀、飽足感滿分的一餐

設計菜色時，可在心中畫出一個三角形，然後將肉、魚、雞蛋這些主菜、蔬菜烹調的副菜（配菜）與白飯分別放在三角形的頂點上。

一旦主食、主菜、副菜齊全，就能均衡攝取五大營養素的碳水化合物、蛋白質、維生素、礦物質與膳食纖維。

此外，這種白飯配主菜與副菜的形式與日本的「一湯一菜」一樣，都是百吃不膩的設計，也是傳統上的基本搭配形式。麵料理或丼飯這類將食材放在同一個容器裡的料理雖然能攝取均衡的營養，但是若能備齊主食、主菜與副菜，不僅可滿足口腹之慾，還是完整的套餐，也很有飽足感。

適合當成主菜的蛋白質料理

炸雞

份量十足的雞肉料理。
作法請參照P.64。

麻婆豆腐

使用含有植物性蛋白質的豆腐與動物性蛋白質的絞肉製作。
作法請參照P.52。

什錦蔬菜烤鮭魚

以魚烹調的主菜。
作法請參照P.28。

培根炒蛋

最適合早晨享用的蛋料理。
作法請參照P.62。

適合當成副菜的蔬菜料理

生菜沙拉

最具代表性的生鮮蔬菜料理就是沙拉。
作法請參照P.74。

鹽煮綠花椰菜

說到燙青菜，當然不能忽略綠花椰菜，這也是很棒的便當菜。
作法請參照P.84。

醋漬小黃瓜與海帶芽

日式蔬菜料理通常以醋漬或涼拌菜為主。
作法請參照P.72。

燙青菜

加熱可縮小葉菜類食材的體積，方便大量攝取。
作法請參照P.32。

要特別注重
動物性蛋白質與黃綠色蔬菜

對於打算減重的人或是從降低膽固醇的觀點來看，肉、魚、雞蛋這類含有動物性蛋白質的食材其實不太受歡迎，但是拿同份量的豆腐（植物性蛋白質）與豬肉比較之後就會發現，豬肉的蛋白質含量約是豆腐的3倍，而且動物性蛋白質含有造血所需的維生素B_{12}，從植物性蛋白質中較難攝取到。順帶一提，人體每日所需的蛋白質約60g*，若從豆腐攝取，大概得吃到3塊以上。因此，在每天的菜色同時搭配動物性蛋白質與植物性蛋白質吧！
蔬菜是攝取維生素C與膳食纖維的重要來源，維生素C這類維生素主要蘊藏於黃綠色蔬菜，所以選擇蔬菜時，不妨選擇青椒、甜椒、綠花椰菜、小蕃茄這類顏色較為深濃的類型。膳食纖維是預防便祕、改善腸道環境所不可或缺的營養，每種蔬菜也都含有這種營養，所以大量攝取蔬菜即可攝取膳食纖維，若能進一步搭配海藻、菇類、薯芋類食材，就能攝取更多的膳食纖維。

＊資料來源：厚生勞働省「日本人食事攝取基準2015」

非學不可　料理的基本與訣竅的科學

這裡整理了本書提及的主要烹調步驟與理論，只要了解這些知識，就能隨心所欲地將這些烹調手法應用在其他料理上，也能有助我們了解之前失敗的原因或是幫助我們在下次煮出更美味的料理。

【本書的調味方式與調味料配方索引表】

調味料的配方 (以下皆為容量比例)	調味特徵	本書介紹的料理	可應用的其他料理
8：1：1 高湯　醬油　味醂	應用的範圍很廣，所以被稱為八方高湯，是日式燉菜的主要調味料	馬鈴薯燉肉	筑前煮、滑蛋蔬菜、滷煮油豆腐、燉花枝、南瓜燉菜、豬排丼
15：1：1 高湯　醬油　味醂	用來突顯當令時蔬的風味，適合烹調味道清淡的日式燉菜	燙青菜	汆燙各種蔬菜、蕪菁燉菜、寄世鍋湯汁
6：1：1 高湯　醬油　味醂 ＋少許砂糖	有點濃且稍甜的甜鹹高湯	燉鹿尾菜	山藥丼、素麵麵湯、涼拌炸茄子
1：1：1 醬油　酒　味醂	照燒的鹹甜風味	薑汁燒肉、照燒雞肉	照燒鰤魚、照燒漢堡排
1：1＋砂糖 醬油　味醂	較濃郁的照燒風味	金平牛蒡	蘆筍豬肉卷、照燒花枝
8：1.5：1.5 水＋酒　味噌　砂糖	鹹甜的味噌風味	味噌鯖魚	味噌牡蠣、味噌蒟蒻、味噌秋刀魚、味噌水煮蛋與雞肉
15：1 高湯　味噌	味噌湯的高湯與味噌的比例	味噌湯	各種味噌湯。可視味噌的種類調整用量
2：1 醋　砂糖	可於任何料理應用的萬能甜醋汁	醋漬小黃瓜與海帶芽	魚膾、冬粉沙拉、醋漬蓮藕、壽司醋飯
1：2～3 醋　油	基本的法式淋醬	生菜沙拉	所有沙拉

不要泡在醃漬的汁液中太久

目的	保留肉汁。
理由	長時間泡在鹽分濃度太高的調味液，食材會因浸透壓而脫水，加熱之後也會變得更硬。若要醃漬，烹調之前揉醃一下就夠了。
對應的料理	薑汁燒肉、炸雞以及其他肉類料理。

絞肉加鹽可拌出黏度

目的	製作肉汁豐厚的漢堡。
理由	加鹽會讓絞肉的肌動蛋白與肌凝蛋白產生質變，絞肉也會因此變得更黏更保水。
對應的料理	漢堡排、肉丸子。

趁熱調味，讓食材隨著溫度下降入味

目的	入味。
理由	味道會在料理放涼後浸透。加熱會讓食材脫水，內部的壓力跟著下降，而失去的水分會由調味液補充，所以要煮得入味，就應該趁熱調味與放涼。
對應的料理	馬鈴薯燉肉與其他燉菜、馬鈴薯沙拉。

煮魚肉的時候不蓋鍋蓋

目的	消除魚腥味。
理由	臭味成分容易昇華為氣體（揮發），所以煮魚不蓋鍋蓋，可讓臭味揮發。
對應的料理	味噌鯖魚與其他燉煮類的魚料理。

用水或高湯煮，可煮軟口感較韌的肉

目的	煮軟口感較韌的肉。
理由	泡在水裡長時間加熱，會使肉的膠原蛋白分解成膠狀。如果長時間在鹽分濃度較高的醬汁中燉煮，肉就會因為浸透壓而脫水，所以若要長時間燉煮，記得放在鹽分濃度較低的高湯或水裡燉煮。
對應的料理	茄醬燉翅腿、咖哩、燉牛肉這類燉肉料理。

從熱水開始煮的食材

對應的食材①	綠色蔬菜（例如菠菜、小松菜、水菜、山茼蒿、油菜花、綠花椰菜、秋葵）。
目的	保持翠綠色。
理由	蔬菜的綠色色素葉綠素一旦長時間加熱就會轉換成黃褐色。為了避免溫度下降，一開始可先煮一大鍋熱水，煮滾後再放入蔬菜，就能在短時間內完成加熱。

對應的食材②	短薄的食材。
目的	短時間內煮熟。
理由	為了降低食材內外的溫度落差，可先煮滾熱水，短時間內完成加熱。煮沸一大鍋熱水後再放入食材。
＊注意	假設是肉片的話，就只需要在熱水裡面涮到表面變色（約80～90℃），因為肉的蛋白質在65℃左右就會熟透。

從冷水開始煮的食材

對應的食材	可整顆放入或切成大塊再放入的薯芋類、根莖類食材以及整塊的肉(例如水煮雞肉)。
目的	熟度均勻。
理由	形狀較大、厚度較厚的食材可從冷水開始煮。慢慢加熱可降低食材內外的溫差，也比較容易煮成熟度均勻的狀態。若從熱水開始煮，有可能內部煮熟時，外部都煮散了，也有可能因為過度加熱，導致口感變得乾柴難吞嚥。
＊注意	但若是整塊的肉，肉的蛋白質會在65℃左右煮熟，水沸騰後就轉成小火，保持微滾的水溫(80～90℃之間)，煮熟後關火，放在水中降溫。

煮綠色蔬菜時不要蓋鍋蓋

目的	保持翠綠色。
理由	葉綠色會因酸而褪為黃褐色。草酸與其他有機酸都具有揮發性，所以煮的時候不要蓋鍋蓋，讓有機酸隨著水蒸氣揮發。
對應的食材	菠菜、小松菜、綠花椰菜等。

汆煮後，放入水中降溫的蔬菜

對應的食材	葉菜類蔬菜(例如菠菜、小松菜、水菜、山茼蒿、油菜花等)。
目的	保持翠綠色。
理由	煮熟後立刻降溫，可避免葉綠素這種綠色色素因高溫而褪色。
＊注意	維生素C這類水溶性成分會溶入水裡，所以不能長時間浸泡。

汆煮後，不需放入水中降溫的蔬菜

對應的食材	綠花椰菜。
方法	用圓扇搧涼或是用電風扇吹涼。
理由	放入水中降溫會變得水水的，所以要避免褪色可用風吹涼。

炒的份量只能是平底鍋容量的½

目的	避免食材變黏。
理由	份量太多會使得平底鍋鍋裡的溫度下降，進而無法均勻導熱，造成水分無法順利蒸發，整道菜就會變得水水的。
對應的料理	所有熱炒的菜色、炒飯。

熱炒菜的油量應是食材的3～5%

目的	炒出清脆的口感。
理由	加油的熱傳導率是沒加油的兩倍，所以油脂有助於以高溫炒熟食材。以一人份食材的200g而言，油大概只需½～1大匙多。
對應的料理	所有熱炒菜。

香味蔬菜與辛香料要從冷油開始爆香

目的	讓香味成分滲入油中。
理由	辛香成分容易融入油中，香氣也很容易揮發。從低溫開始爆香可讓香氣滲入油中。高溫爆香會讓香氣成分揮發，也容易讓這些食材燒焦變苦。
對應的食材	蒜頭、生薑、辣豆瓣醬以及形狀完整的辛香料等。

太白粉水一定要在關火之後再加

目的	勾芡。
理由	太白粉(馬鈴薯的澱粉)會在升溫至65℃之後急速凝固。若是在湯汁煮滾的時候馬上倒入,就會立刻凝固與結塊。
對應的料理	麻婆豆腐、八寶菜這類中式料理的勾芡與日式料理的芡汁。

薯條要從冷油開始炸

目的	炸出熟度一致的薯條。
理由	這與從冷水開始煮的道理一樣。一旦油溫過高,薯條一放進油裡,就會因為內外溫差過大而焦掉,所以要以冷油泡熟。
對應的食材	馬鈴薯、地瓜、芋頭。

蔬菜天婦羅要從高溫開始炸

目的	炸出酥脆的麵衣。
理由	從高溫開始炸,水與油就會快速互換位置,麵衣也會變得酥脆,因此,若是適合生鮮食用的食材或是比較容易煮熟的食材,特別適合從高溫油炸。
對應的食材	櫛瓜、菇類、秋葵、甜椒、苦瓜與水煮竹筍。

綠色沙拉的蔬菜不要使用脫水器脫水

目的	讓沙拉的生菜維持水嫩。
理由	撕成小片的蔬菜更容易變得乾燥。蔬菜會吸收表面的水分,所以不要用脫水器脫水,而是放在篩網瀝水是比較自然的脫水方法。
對應的食材	萵苣、葉萵苣、紅葉萵苣。

誰都覺得美味的鹽分濃度為1%

目的	達到最適當的美味。
理由	人體體液(例如血液)的鹽分濃度約為0.9%,所以人會覺得0.8～1%這種接近體液濃度的鹽分濃度是最美味的。
對應的料理	幾乎所有料理都適用。高湯的鮮味、酸味較為明顯的料理則可減少鹽的用量。

【鹽的使用方法】 鹽分濃度為1%時

湯品以外　相對於食材總量(淨重)的鹽分濃度

(例)熱炒菜　食材淨重為200g的時候　**×0.01=2g的鹽≒⅖小匙**

(例)若希望以半量的鹽或醬油替上述的菜色調味　**1g的鹽≒⅕小匙+1小匙多醬油**(鹽分約1g)

湯品　相對於液體總量(高湯或水)的鹽分濃度

(例)味噌湯　高湯150mℓ時　**×0.01=1.5g的鹽≒2小匙味噌**

*以市售的高湯罐頭或高湯粉煮高湯時,這些材料通常已經含鹽,因此以上述的份量調味,湯就會變得太鹹。此時請減少味噌的用量。

(例)湯品　水500mℓ時　**×0.01=5g的鹽**

若以西式高湯塊與鹽替上述的湯品調味,**可使用1塊西式高湯塊**(鹽分約2.5g)**+2.5g鹽≒½小匙**

*醬油、味噌、西式高湯塊的含鹽量請參考P.111的表格。

【主要調味料的重量換算表】

調味料名稱	1 小匙（5mℓ）	1 大匙（15mℓ）	1 杯（200mℓ）
酒	5g	15g	200g
葡萄酒	5g	15g	200g
醋	5g	15g	200g
醬油	6g	18g	230g
本味醂	6g	18g	230g
味醂風味調味料	6g	19g	250g
味噌	6g	18g	230g
粗鹽（日曬精製的鹽）	5g	15g	180g
食鹽	6g	18g	240g
精製鹽	6g	18g	240g
上白糖	3g	9g	130g
細砂糖	4g	12g	180g
蜂蜜	7g	21g	280g
油	4g	12g	180g
中濃醬	6g	18g	240g
麵粉（低筋）	3g	9g	110g
麵粉（高筋）	3g	9g	110g
太白粉	3g	9g	130g
泡打粉	4g	12g	150g
中式高湯粉	2.5g	7.5g	100g
麵包粉	1g	3g	40g
起司粉	2g	6g	90g
蕃茄醬	5g	15g	230g
美乃滋	4g	12g	190g
牛奶	5g	15g	210g

【主要調味料的含鹽量】

調味料名稱	1小匙的含鹽量	1大匙的含鹽量
鹽(粗鹽)	4.8g≒5g	14.5g
鹽(精製鹽)	6g	18g
砂糖(上白糖)	0g	0g
味醂(本味醂)	0g	0g
酒(清酒)	0g	0g
料理酒	0.1g	0.3g
濃口醬油	0.9g	2.6g≒2.5g
薄口醬油	1.0g	2.9g
麵味露(原味)	0.2g	0.5g
醋(米醋、穀物醋)	0g	0g
豬排醬	0.3g	1.0g
伍斯特醬	0.5g	1.5g
中濃醬	0.3g	1g
蕃茄醬	0.2g	0.5g
美乃滋	0.1g	0.3g
蠔油	0.7g	2.1g
味噌(米味噌)	0.7g	2.2g
味噌(白味噌、甜味噌)	0.4g	1.1g
味噌(麥味噌)	0.6g	1.9g
味噌(豆味噌)	0.7g	2.0g
辣豆瓣醬	1.1g	3.2g
起司粉	0.1g	0.2g
日式高湯粉	1.2g	3.6g
西式高湯粉	1.3g	3.8g
西式高湯塊	1個=2.5g*	
中式高湯粉	1.2g	3.6g

*西式高湯塊的含鹽量單位不是1小匙，而是以每塊5.3g的高湯塊為基準。

監修　前田量子（まえだ りょうこ）

料理家、營養管理師、前田量子料理教室主辦人。
於東京理科大學畢業後，進入織田營養專門學校攻讀營養學，再於東京會館、辻留料理塾、柳原料理教室、法國藍帶廚藝學院研究料理。於托兒所、醫院服務後，經營咖啡廳與創立基於烹調科學烹調料理的教室，也每年舉辦「西餐」、「日式＆中式料理」、「甜點」的課程。因誰都能實踐並以烹調科學為立論基礎的食譜得到好評，美麗的盛盤藝術也受到眾人青睞。曾多次為雜誌、電視廣告、企業提供食譜。

日文版工作人員

攝影 ■ 大井一範　烹調 ■ 前田量子　烹調助手 ■ 楢山亜都子、清水涼子、田中友里
擺盤 ■ 石川美加子　附加食譜烹調 ■ 小田真規子、岸村康代、佐伯知美、堤人美、牧野直子、松本京子

本書的使用方法

* 1小匙為5mℓ、1大匙為15mℓ、1杯為200mℓ。
* 若未特別標註微波爐的加熱時間，都以功率600W的微波爐為標準。若您的微波爐為500W，請自行將加熱時間延長為1.2倍。機種與使用年數都會影響加熱結果，請大家一邊觀察狀況，一邊調整加熱的時間。
* 原則上使用鐵氟龍塗層的平底鍋。
* 溫度、烘烤時間都請根據使用的機種與年數調整，食譜裡的標記僅供參考。
* 洗菜、去皮這類步驟均已省略。洋蔥、馬鈴薯、紅蘿蔔、白蘿蔔若無特別標註，都需要先削除外皮。若要連皮一起使用便會特別註記。
* 雖然本書介紹的食譜都為1%左右的鹽分濃度，但每個人的口味、生活習慣與身體狀況都不同，僅供參考。

staff
監修 ■ 前田量子
譯者 ■ 許郁文
主編 ■ 胡玉梅
潤稿 ■ 艾瑪
校對 ■ Teresa
排版完稿 ■ 華漢電腦排版有限公司

遊廚房41
沒有配方一樣能煮得好吃
料理的科學文法
誰でも1回で味が決まるロジカル調理

總編輯　林少屏
出版發行　邦聯文化事業有限公司 睿其書房
地址　台北市中正區泉州街55號2樓
電話　02-23097610
傳真　02-23326531
電郵　united.culture@msa.hinet.net
網站　www.ucbook.com.tw
郵政劃撥　19054289 邦聯文化事業有限公司
製版　彩峰造藝印像股份有限公司
印刷　皇甫彩藝印刷股份有限公司
發行日　2020年06月初版
港澳總經銷　泛華發行代理有限公司
電話：852-27982220
傳真：852-31813973
E-mail：gccd@singtaonewscorp.com

國家圖書館出版品預行編目資料

沒有配方一樣能煮得好吃 料理的科學文法 / 前田量子監修；許郁文譯. 一初版.一臺北市：睿其書房出版：邦聯文化發行,2020.06
112面；18.2×25.7公分.一(遊廚房；41)
譯自：誰でも1回で味が決まるロジカル調理

ISBN 978-986-5520-08-3(平裝)

1.食譜

427.1　109006648